区域大气污染协同治理关系的影响机理及均衡机制

代 应 景 熠 宋 寒 著

科学出版社

北京

内 容 简 介

鉴于目前有关区域大气污染协同治理的研究主要集中在政策法规、政府合作关系、国外经验引进等方面，仍有许多关键问题尚未得到充分解决。本书深入探讨了我国大气污染重点区域协同治理关系的静态影响因素、动态演化过程、利益均衡机制和信任均衡机制，对于厘清区域大气污染协同治理的关键问题，改善区域整体大气环境质量，从而促进区域经济朝着资源节约型和环境友好型方向发展有着重要的理论意义与实践意义。

本书能够为我国大气污染重点区域内各级地方政府提供理论指导和实践参考，也可作为管理科学与工程、公共管理、大气污染治理等学科领域研究人员的参考书。

图书在版编目（CIP）数据

区域大气污染协同治理关系的影响机理及均衡机制 / 代应，景熠，宋寒著. —北京：科学出版社，2020.4

ISBN 978-7-03-063815-1

Ⅰ.①区⋯ Ⅱ.①代⋯ ②景⋯ ③宋⋯ Ⅲ.①空气污染－污染防治－研究 Ⅳ.①X51

中国版本图书馆 CIP 数据核字（2019）第 300185 号

责任编辑：华宗琪 朱小刚 / 责任校对：彭珍珍
责任印制：罗 科 / 封面设计：墨创文化

科 学 出 版 社 出版
北京东黄城根北街 16 号
邮政编码：100717
http://www.sciencep.com
四川煤田地质制图印刷厂 印刷
科学出版社发行 各地新华书店经销

*

2020 年 4 月第 一 版 开本：B5（720 × 1000）
2020 年 4 月第一次印刷 印张：10
字数：200 000
定价：**129.00 元**
（如有印装质量问题，我社负责调换）

前　　言

改革开放40多年来，我国城市化与工业化的发展已经取得了重大的成果，与此同时，过去较长一段时间内粗放式的经济发展模式导致了能源资源的大量消耗，由此造成的大气污染也日益严重。2013年9月，国务院发布了《大气污染防治行动计划》（国发〔2013〕37号），要求建立京津冀、长三角区域大气污染防治协作机制，中央和地方各级政府也都先后出台了诸多大气污染防治的法律法规，并积极将其贯彻落实。但由于大气具有流动性和扩散性的特点，大气污染呈现明显的"空气流域"特征，基于传统行政区划和属地治理的模式已经难以解决日益复杂的大气污染问题。因此，本书以大气污染治理为研究对象，以地方政府主导的区域协同为研究视角，重点从以下几个方面进行研究。

第一，基于静态研究视角的区域大气污染协同治理的影响因素分析。将区域大气污染协同治理划分为协同治理的"产生"和协同治理的"维系"两个阶段，从治理主体信任程度、大气污染治理能力、预期收益、上级政府支持、企业支持和公众支持等六个方面提出区域大气污染协同治理的影响因素假设，利用结构方程模型等实证分析方法对理论假设进行检验，从而识别其中的显著影响因素。

第二，基于动态研究视角的区域大气污染协同治理的动态演化分析。在前面研究基础上，进一步扩充和细化影响因素，并将其划分为动力子系统、支撑力子系统和阻力子系统；通过对各个子系统和总系统中不同影响因素之间的因果关系分析，设计反馈回路和系统流图，构建区域大气污染协同治理的系统动力学模型；模拟了动力子系统、支撑力子系统、阻力子系统、区域协同程度和大气污染治理效果的动态演化趋势，并在不同情景下研究了关键影响因素的作用机理。

第三，区域大气污染协同治理的利益关系研究。将大气污染治理过程划分为"源头"协同减排和"排放后"协同治理两个阶段；通过建立地方政府之间的纳什讨价还价模型，对"源头"协同减排的利益分配问题进行研究，对"绝对"数量、"相对"比例两种协同减排协议进行了分析，并在此基础上，提出了基于经济补偿的区域大气污染协同减排利益分配机制；然后利用委托代理模型，对区域大气污染"排放后"协同治理的利益激励问题进行研究，分析了"互助"关系下、"互助"与"产出"两种关系并存情况下的区域大气污染协同治理利益激励策略。

第四，区域大气污染协同治理的信任机制研究。将传统的两方博弈拓展到三维空间，以同一区域内参与大气污染协同治理的三个地方政府作为信任博弈的主体；在考虑合作收益、收益分配系数、风险成本和背信成本的基础上，对三个地方政府之间采取信任策略和采取不信任策略的概率、博弈顺序和收益矩阵进行分析，进而建立区域大气污染协同治理信任机制的演化博弈模型；通过构建复制动态方程的雅可比矩阵，分析不同信任策略下地方政府之间信任的进化路径。

第五，基于政府支持的区域大气污染协同治理的对策建议。根据理论研究的分析，并参考国外先进大气污染防治经验，基于政府支持的视角，从培育"区域协同治理"价值理念、完善区域大气污染协同治理的法律机制（包括推进区域立法和加强区域联合执法建设）、健全区域大气污染协同治理的生态补偿机制和搭建区域大气污染治理信息共享平台等方面，提出了对策建议。

本书得到了国家社会科学基金项目（项目编号：14BGL100）资助。重庆理工大学管理学院代应教授负责第1章、第2章、第3章、第5章的内容，景熠副教授负责第4章、第8章、第9章的内容，宋寒教授负责第6章和第7章的内容。重庆理工大学管理学院李琴、苏洪震、敬爽、刘振、彭唯、杜鹏琦等研究生参与了本书的数据收集和相关资料整理工作。写作过程中，我们参考了大量的已有研究成果，在此对各位作者表示感谢！因为水平有限，书中难免有不足之处，恳请同行专家和广大读者批评指正。

本著作的出版同时也献给重庆理工大学八十周年校庆！

目　　录

第1章 绪 论

1.1 问题的提出

1.1.1 中国大气污染现状及治理的困境

当前中国正处于全面建成小康社会的关键时期,城市化与工业化的发展已经取得了重大的成果,中国的经济总量跃居世界第二。但粗放式的经济发展模式导致了能源资源的大量消耗,由此造成的大气污染也日益严重。世界卫生组织《全球疾病负担(2010)》报告指出,空气污染造成全球每年约 350 万人死亡,造成的健康成本每年达 3.5 万亿美元,其中中国年平均死亡人数 120 多万,接近总死亡人数的五分之二,经济损失约每年 1.4 万亿美元。

我国以二氧化硫、二氧化氮、烟粉尘、臭氧、一氧化碳、可吸入颗粒物(PM$_{10}$)和细颗粒物(PM$_{2.5}$)为特征的大气污染问题,已经严重影响了人们的日常生活与身体健康,并成为当前国内影响最为深远的环境污染问题之一。2016 年环境保护部印发了《2015 中国环境状况公报》(简称《公报》)。报告显示,依据空气质量新标准对全国 338 个地级以上城市进行检测,只有 73 个城市环境空气质量达标,而未达标城市有 265 个。《公报》中还指出 PM$_{2.5}$ 全国年平均浓度为 50 微克/米^3,超过国家二级标准(环境空气质量标准中规定的 PM$_{2.5}$ 的及格标准)0.43 倍;日均值超标天数占监测天数的比例为 17.5%,达标城市比例仅为 22.5%。PM$_{10}$ 的全国年平均浓度为 87 微克/米^3,超过国家二级标准 0.24 倍,达标城市只占 34.6%。而 SO$_2$ 的全国年平均浓度为 25 微克/米^3,NO$_2$ 全国年平均浓度为 30 微克/米^3,臭氧的全国年平均最大 8 小时平均值第 90 百分位数浓度为 134 微克/米^3,CO 的全国年平均第 95 百分位数浓度为 2.1 毫克/米^3,这些指标勉强达到国家的二级标准。

面对日益恶劣的大气环境,人们意识到了大气污染防治的重要性,我国先后颁布了《中华人民共和国大气污染防治法》与《大气污染防治行动计划》等法规和政策,各省份也相继制订出台了大气污染防治的具体行动方案。然而,各省份的行动方案只考虑了本辖区的大气污染现状,仅能够在短期内改善和维持大气环境质量。例如,北京为改善日益严重的大气环境问题,于 2006 年开始投入了近千亿元实施第十二阶段的大气污染治理工作,短时期内明显改善了北京的大气环境,实现了日环境空气质量二级和好于二级的天数达到 63%的目标。但是,北京忽略了周边省份大气污染物对本辖区大气环境的影响，导致北京极端大气污染事件仍然频繁发生，继续影响着人们的日常生活。显然，传统的属地治理模式已经难以解决日益复杂的大气污染问题。

在传统的大气污染治理中，各省份根据中央制定的大气污染防治总纲来制定自身具体的行动计划，在执行的过程中各省份并未考虑周边地区的大气污染防治方案，也未考虑本地区治理大气污染的政策对周边地区的影响。大气具有流动性和扩散性的特点，会使得污染物能够远距离传播和扩散，特别是雾霾的主要组成部分 $PM_{2.5}$，会随着空气的流动跨越省际的边界造成交叉污染。据环保部门统计，北京的 $PM_{2.5}$ 有 20%～25%来自天津与河北的扩散，在极端天气下这一比例甚至会达到 30%以上。因此，近年来以臭氧、细颗粒物和酸雨为特征的区域性、复合型大气污染日益突出，"空气流域"内重污染现象大范围同时出现的频次日益增多，严重制约着社会经济的可持续发展。

1.1.2　区域大气污染协同治理的必然需要

区域性、复合型的大气污染问题，给现行环境管理模式带来了巨大的挑战。仅从行政区划的角度，针对单个城市大气污染的属地治理模式已经难以有效解决这一难题。因此，2008 年北京举办奥林匹克运动会（简称奥运会）期间，为了达到国际奥林匹克委员会所规定的环境质量标准，北京联合天津、河北等周边省份，进行了区域大气污染联合治理，并取得了良好的成效，兑现了绿色奥运的承诺。中国 2010 年上海世界博览会（简称上海世博会）借鉴了北京奥运会治理大气污染的经验，与江浙等地区合作创建了区域空气质量联合预报机制，并实行长江三角洲（简称长三角）重点城市日报数据动态发布和城市 48 小时趋势预报，重点控制以世博会场馆为中心 300 千米范围内的大气污染物的排放。通过三个省份的紧密联合行动，上海世博会期间环境空气质量优良率达到了 95%以上，完美地体现了"城市，让生活更美好"的主题。同年，为了迎接亚洲运动会（简称亚运会）的到来，广州与佛山、深圳和珠海等城市通过区域联动，对珠江三角洲（简称珠三角）5 万平方千米内的 76 个监测点实施大气污染远程预警，并通过先进的环境监控指挥中心对全市各类污染源进行严密监控。从而使广州亚运会期间空气质量每日均达到或优于国家二级标准，优良率超过了 97%，且未出现灰霾现象。以上这些城市环境空气质量的改善都得益于省际、城际各部门的联合行动。

鉴于北京奥运会、上海世博会和广州亚运会期间大气污染区域联合治理的优异成果，2012 年 10 月环境保护部、国家发展和改革委员会、财政部印发了《重点区域大气污染防治"十二五"规划》。规划范围为京津冀、长三角、珠三角地区，以及辽宁中部、山东、武汉及其周边、长株潭、成渝、海峡西岸、山西中北部、陕西关中、甘宁、新疆乌鲁木齐城市群,共涉及 19 个省、自治区、直辖市,面积约 132.56 万平方千米。规划强调区域性、复合型的大气环境问题给现行环境管理模式带来了巨大的挑战,仅从行政区划的角度考虑单个城市大气污染防治的管理模式,难以有效解决当前愈加严重的大气污染问题,亟待建立一套全新的区域大气污染防治管理体系。

面对我国日益复杂的大气状况,传统的大气污染属地治理模式存在着治污技术不共享、大气污染物检测信息不流通,以及重复治理等诸多局限。重点省份应该抛却固有的属地治理观念,探寻共同解决当前大气污染问题的合作方法。鉴于此,2013 年 9 月国务院发布了《大气污染防治行动计划》(简称"国十条")。"国十条"详细规定了各省份在"十三五"期间应该达成的环境空气质量,并要求各重点区域探索协同治理大气污染的具体行动方案。2016 年 11 月国务院印发了《"十三五"生态环境保护规划》,要求对于大气污染重点区域,要建立常态化区域协作机制,区域内统一规划、统一标准、统一监测、统一防治。

大气污染的协同治理有利于区域内各地区行动方案的协调,提高治理大气污染的效率。同时,能够共享大气污染物的监测信息,协同研发大气污染物的清洁技术。此外,大气污染的协同治理,能够促进各地区联合建立监测站,实时测量大气中污染物的浓度变化,为进一步的协同防治做好数据储备。当前,我国即将进入"十四五",各省份面对经济保增长和复杂大气污染的双重压力,必须严格按照国家制定的方针政策来规划未来的行动,以区域大气污染协同治理为方向,以实现经济的可持续发展、清新的大气环境为目标,为 21 世纪中旬全面实现小康社会奠定环境基础。

1.2 相关理论和文献综述

1.2.1 相关理论概述

1. 治理理论

"治理"被广泛运用于政府管理研究中,治理理论已经是在经济学、政治学、社会学及法学等社会科学领域均有广泛运用的、有广泛影响的理论视角。同时不断赋予"治理"新的含义,以区别原来与之交叉使用的"管理"或"统治"(翁士洪和顾丽梅,2013)。

作为治理理论的主要创始人之一,罗西瑙(2001)将治理解读为一种只有被多数人接受才会生效的规则体系,依赖主体间重要性的程度不亚于对正式颁布的宪法和宪章的依赖。

从 Rhodes（1996）的观点来看，治理标志着政府管理的变化，治理至少应该包含六种不同的形态和用法：①作为最小国家管理活动的治理；②作为公司管理的治理；③作为新公共管理的治理；④作为善治的治理；⑤作为社会控制体系的治理；⑥作为自组织网络的治理。

斯托克（1999）认为治理的实质在于所偏重的统治机制并不依靠政府的权威或制裁，并提出了关于治理的五个论点：①治理是指出自政府、但又不限于政府的一套社会公共机构和行为者；②治理明确指出在为社会和经济问题寻求解答的过程中存在的界限和责任方面的模糊之处；③治理明确肯定了在涉及集体行为的各个社会公共机构之间存在的权力依赖；④治理是指行为者网络的自主自治；⑤治理认定，办好事情的能力并不在于政府的权力，不在于政府下命令或运用其权威。政府可以动用新的工具和技术来控制和指引；而政府的能力和责任均在于此。

Kooiman（2003）认为治理应该包括治理形象、治理工具和治理行为三个要素，并基于治理过程中国家强制力的程度和范围将治理划分为等级治理、共同治理和自主治理三种类型。Pierre 和 Peters（2005）根据国家机关在治理过程中的作用，将治理的模式划分为国家主义模式、自由民主模式、国家中心模式、荷兰治理学派模式和无政府治理模式等五类。

国内学者基于中国改革发展的实际需要，结合中国语境和实践，也对治理理论进行了研究和拓展。毛寿龙等（1998）认为英文中的动词"govern"既不是指统治（rule），也不是指行政（administration）和管理（management），而是指政府对公共事务进行治理，它掌舵（steering）但不划桨（rowing），不直接介入公共事务，只介于负责统治的政治和负责具体事务的管理之间，它是对于以韦伯的官僚制理论为基础的传统行政的替代，意味着新公共行政或者新公共管理的诞生，因此可译为"治理"。

俞可平（2001）指出治理的目的是在各种不同的制度关系中运用权力去引导、控制和规范公民的各种活动，最大限度地增进公共利益。并提出作为"良好的治理"的"善治"，是政府和公民对公共生活的合作管理，是政治国家与市民社会的最佳状态，包括合法性、透明性、责任性、法治、回应、有效等六个基本要素。纵观国内外各类学派的争鸣，可以将治理理论的侧重点总结为四个方面：一是侧重于政治学范畴的治理理论；二是侧重于行政学领域的治理理论；三是以公共管理为主的治理理论；四是支撑于技术操作层面的政治治理理论（何翔舟和金潇，2014）。

2. 协同理论

协同理论是20世纪70年代，由德国斯图加特大学理论物理学教授赫尔曼·哈肯，在系统论、控制论、信息论和结构耗散理论的基础上，创立的一门新兴学科。

协同理论的研究重点在于分析和描述一个系统如何从无序状态演变为有序状态，关注的是自组织的普遍形成规律，以及协同宏观有序结构得以形成的一般化模式。协同理论的主要内容可以归纳为三个方面。

（1）协同效应。协同效应是指在一个开放的系统中，存在着大量相互作用的子系统，由于子系统之间的相互作用、相互影响而形成了相应的整体效应或集体效应。协同效应对于系统有序结构的形成具有内驱力，它不仅仅存在于自然系统中，在社会系统中也广泛存在。

（2）伺服原理。系统中存在着快弛豫变量和慢弛豫变量，分别对应系统的稳定因子和不稳定因子，它们组成了系统的控制参量。而伺服原理是指系统中快弛豫变量服从慢弛豫变量的状态和过程，即慢弛豫变量作为序参量在系统演化过程中起着主导作用，决定了系统演化的规律和特征（汪良兵等，2014）。

（3）自组织原理。自组织是系统在没有受到外界任何干扰的情况下，自发按照一定的规则形成一定的结构和功能的过程和现象。自组织的过程包含三类：一是由非组织到组织的过程演化；二是由组织程度低到组织程度高的过程演化；三是在相同组织层次上由简单到复杂的过程演化（吴彤，2001）。

协同学理论认为，在一个系统中存在着许多相互作用的子系统，这种作用既包括相互协作的关系，也包括相互干扰和制约的因素。一个系统能否发挥协同作用，关键在于系统内部的各个子系统及其组成部分之间能否相互配合、相互协调。如果系统内部各个子系统及其组成部分之间能够确立共同的目标，并围绕共同目标相互协调配合，那么就能够集中多方面的力量形成"1＋1＞2"的协同效应；与之相反，如果系统内部各部分相互阻碍、相互干扰和制约，就会严重损耗系统内部资源，难以形成合力，从而使整个系统的运行处于一种低效状态，难以发挥整体功能（田文威，2012）。

3. 协同治理理论

协同治理理论吸收了协同理论和治理理论的部分观点，是在两者基础上形成的一种交叉理论。全球治理委员会对"协同治理"给出了具有代表性和权威性的定义，认为"协同治理是个人、各种公共或私人机构管理其共同事务的诸多方式的总和。它是使相互冲突的不同利益主体得以调和并且采取联合行动的持续的过程。其中既包括具有法律约束力的正式制度和规则，也包括各种促成协商与和解的非正式的制度安排"（张仲涛和周蓉，2016）。目前，学术界对协同治理理论的研究虽然尚属于起步阶段，就其理论本身来说，还不成熟完善，但是这并不能阻挡"协同治理"成为当下理论研究的热点（孙萍和闫亭豫，2013）。

作为一种新兴的理论，协同治理理论应该有区别于其他理论范式的特征，它强调治理主体的多元化、系统的动态性、子系统的协同性、自组织的协调性、社会秩序的稳定性等（郑巧和肖文涛，2008；李汉卿，2014）。

（1）治理主体的多元化。协同治理的前提就是治理主体的多元化。这些治理主体，不仅指的是政府组织，而且民间组织、企业、家庭以及公民个人在内的社会组织和行为体都可以参与社会公共事务治理。在现代社会系统中，没有任何一个组织或者行为体具有能够单独实现目标的知识和资源。

（2）系统的动态性。面对复杂多样的快速转型社会，各方主体都需要学会在不同时间、地点和行动领域之间的功能联系和相互依存关系，寻求多元互动、共同协作的权力运作方式，遵循动态和权变原则，并为各自的行为负责，促进建立共同的愿景，使系统在不断演化的过程中达到更高级的平衡。

（3）子系统的协同性。在现代社会系统中，由于知识和资源被不同主体掌握，采取集体行动的主体必须要依赖其他主体，而且这些主体之间存在着谈判协商和资源的交换。因此，协同治理关系强调各个主体之间的自愿平等，通过协商对话、相互合作等方式建立伙伴关系来共同管理社会公共事务。

（4）自组织的协调性。在一定的环境条件下，系统内部需要形成一定的自组织体系，即实现主体的自主控制，这不仅意味着自由，而且意味着自己负责。自组织体系通过自主协调，可以保障系统对环境变化保持灵活的适应性，从而补充市场交换和上级政府自上而下调控的不足，实现各种资源的协同增效。

（5）社会秩序的稳定性。协同治理的目的是创造条件以保证社会有序和稳定。通过各种等级的调节和整合作用，在系统内不同的范围和层次将无序转化为有序，并且提高自身的组织化和有序化程度，确保国家的和平、公民的团结、生活的有序、居民的安全以及公共政策的连贯等。

1.2.2 区域大气污染协同治理的文献综述

由于大气具有流动性和扩散性的特点，局部地区、单一城市的大气污染往往会演变为区域性、复合型的污染问题，给现行环境管理模式带来了巨大的挑战。仅从行政区划的角度，针对单个城市大气污染的属地治理模式已经难以有效解决这一难题。因此，区域大气污染协同治理受到了国内外学者的广泛关注。本节主要对政策、制度和法律研究，国外经验案例研究、合作利益分配研究等方面进行归纳。

1. 区域大气污染协同治理的政策、制度和法律研究

Ostrom 等（1961）指出联邦和州政府机构及特别行政区等存在"职能重复"与"管辖权重叠"等问题，无法有效地解决大气污染问题。大气污染具有负外部性，中央政府和地方政府应共同治理大气污染，并做到事权的合理划分。

Agranoff 和 Mcguire（1998）从府际治理的角度研究了政策工具的分类，提出了"结构式"、"方案性研究"、"能力建立"以及"行为式"等四种府际关系的政策工具。在此基础上，细分出 16 种操作工具，其能够有效地解决多元利益纠葛问题。

Salamon（2002）在"效率"、"公平"和"有效性"等政策工具评估标准的基础上，增加了"可管理性""合法性和政治可行性"两条评估标准。完善了政策工具管理方面存在的缺陷，为政府部门政策制定提供了参考。

Scott 等（2005）从全球、国家和地方三个层次的大气污染扩散案例中，分析了大气污染流动性的特征。同时定义了"空气流域"与"空气质量管理区"的概念，提出大气污染传播没有固定的边界，各方政府应联合制定政策法规，共同治理大气污染。

Imperial（2005）认为很少有组织能够单独行动来完成治理任务，必须通过协作来加强网络治理。并指出协同治理是为了实现共同目标而对政府、企业、组织及个人进行指挥、协调和控制，以达到多方共同协作治理大气污染的局面。

冯贵霞（2014）通过借鉴政策网络分析框架，分析了政策变迁的过程逻辑和影响因素。结果表明，大气污染防治政策变迁与政策网络结构的变化相关。其中，变化的自变量因素主要涉及政策权力主体地位及话语、政策对象的政策响应、公众利益认知及行为、政策工具选择等方面，这些因素的变化引起了政策网络之间不同程度的策略互动，从而影响着政策运行的轨迹。

赵新峰和袁宗威（2016）在深入研究区域大气污染治理政策工具的理论、概念和分析框架的基础上，结合我国区域大气污染防治实践，梳理总结了政策工具的发展历程及其演进特点。并依据工具选择的环境和目标，提出了完善区域大气污染治理政策工具体系，以及推进政策工具整合创新等建议。

高文康等（2016）通过分析 2013～2014 年"中国大气气溶胶研究网络"36个监测站点 $PM_{2.5}$ 浓度，以及 74 个重点城市大气主要污染物浓度数据和臭氧观测仪（Ozone Monitoring Instrument，OMI）卫星数据，研究了《大气污染防治行动计划》颁布前后我国不同地区大气污染状况变化及其防治措施效果。提出京津冀及其周边地区在防治措施实施过程中，应逐步加强近地面面源和线源的控制力度。

常纪文（2010a，2010b）指出中国的大气污染已不再处于单纯停留于局部污染的阶段，而是呈现出污染综合性、影响区域性等特征。在此基础上，他提出要借鉴欧盟、美国、加拿大等发达国家或地区的立法经验，特别是欧盟的立法经验来修订我国当下的政策法规，进而完善我国大气污染防治制度及相应的机制，促进大气污染协同治理。

王金南等（2012）认为区域性、复合型大气污染是中国目前以及今后一段时期内所面临的主要大气污染问题。基于现行"属地"治理模式的局限性，探讨了大气污染联防联控的理论基础和技术方法，包括联防联控区域划分方法、区域大气环境问题控制技术、区域总量控制目标确定与分配方法、区域大气污染联防联控保障体系等。

王冰和贺璇（2014）通过梳理中华人民共和国成立后城市大气污染的演变特征和治理政策的变迁过程，发现我国城市大气污染治理存在着科学研究不充分、政策制定滞后、治理工具单一、行政激励不相容以及社会公众参与不足等问题，提出了从提高科学认知，完善市场机制，构建有效的约束与激励机制，加强区域合作以及引入社会力量协同治理等方面完善城市大气污染治理政策的建议。

谭学良（2014）基于整体性治理思维，探讨了政府组织的总体改革路径，提出政府协同作用模式分为内部跨部门运作模式和"政府服务引导＋社会多元合作治理"的外部公私部门合作模式。认为政府协同的程度、效度和限度系数受系列客观变量的影响，即整合程度与效度的测量，以过程性征要素与任务目标及价值评估体系为准；协同的情境、范围与限度，以协同成本效益的权衡作为依据。

陶品竹（2014）以京津冀为研究对象，指出属地主义治理模式不符合大气流动的自然规律，无法避免区域间大气交叉污染和重复治理现象，也无法充分调动各方主体治理大气污染的积极性。认为应从法治的视角研究京津冀大气污染合作治理。具体应当从京津冀区域联合立法、区域联合立法框架下的京津冀地方立法、京津冀统一执法等层面为京津冀大气污染合作治理提供全方位的法治保障。

谢宝剑和陈瑞莲（2014）指出区域发展失衡下的差异化发展方式、各自为政的治理机制和府际主导的松散合作治理模式均有其固有缺陷。因此，设计了制度联动、主体联动和机制联动的国家治理框架下的区域联动治理模式。并在此基础上，提出了以制度设计、具体机制和保障机制为主要内容的大气污染区域联动防治体系。

2. 区域大气污染治理的国外经验案例研究

汪小勇等（2012）以美国大气跨界污染治理为例，结合具体实例，从机构设置、职能职责、运作方式等方面分析了州内、州与州之间以及跨国界三个层次跨界大气环境监管体系。在此基础上，将我国与美国跨区域大气环境监管机制进行了逐项比较分析，并提出了我国跨区域大气环境管理工作的建议。

吕阳（2013）介绍了欧盟防治固定点源大气污染的主要政策工具，分析了我国现行控制固定点源大气污染的政策及其效果。在比较各类型政策工具的特点和适用条件的基础上，提出了欧盟政策对我国控制大气污染的启示及未来我国政府可能采取的政策选择。

毛晖和郑晓芳（2014）借鉴英国、美国及日本的大气污染治理经验措施，认为中国应加强环境法制建设，同时加强大气监测信息发布和共享机制，进一步完善环境税费制度，积极培育排污权交易市场体系，加强公共交通系统建设，注重城市绿化，多管齐下治理雾霾。另外，也应强化公众参与大气环境治理的意识，吸引更多的民间资本投入大气环保产业，充分发挥环保民间组织的作用，提高公众对雾霾治理的参与度。

朴英爱和张帆（2015）借鉴韩国首都圈在法律方面、管理方面、支持体系方面的大气污染治理经验，提出要建立并完善相关法律法规体系，提高各种"规划"的强制执行力度，设立权威的区域大气污染防治机构，从而创新和完善区域联合防治大气污染协作机制。

崔艳红（2015）通过分析欧美国家和地区治理大气污染的成功经验，提出以下几点建议：第一，建立跨地域、多职能的联合大气污染防控机构，实行联合治理等大气污染治理。第二，进一步建立健全大气污染法律法规，严格执法。第三，不断扩展升级空气质量监测网络，制定更为严格的空气质量标准。第四，政府应积极推动公众参与大气污染防控，实行合作治理。

杨立华和张柳（2016）采用文献荟萃和跨案例聚类分析的方法，以英、德、美、日等 11 个国家共 14 次典型的大气污染事件作为案例研究对象，探讨了不同行动者在大气污染协同治理中的主要角色和协同治理的结构特点，为协调多元行动者、构建高效的大气污染协同治理模式提供了政策建议。

He 等（2016）通过卫星等测量方式，研究了马里兰州及其周边国家大气污染物十年变化趋势，用以解决当地法规对不同寿命大气污染有何影响的问题。结果表明，短期的大气污染物在当地可以得到有效控制，而长期存在的大气污染物需要区域协同治理措施。

郑军（2017）分析了欧洲跨地区大气污染防治合作的主要措施，建议我国在跨地区大气污染防治合作方面要加强顶层设计，构建跨地区环境合作框架；加强组织保障，建立国家层面的跨地区大气环境保护机构；推进科研技术力量的整合，建设跨地区大气污染数据共享信息平台。

杨丽娟和郑泽宇（2017）通过借鉴美国在环境治理法律责任分担上的有益经验，提出我国应该通过立法，以均衡责任机制对联防联控治理模式进行补足与完善，实现在区域大气污染治理上的成熟法律责任路径。

3. 区域大气污染治理的合作利益分配研究

Halkos（1996）采用博弈论的研究方法，探讨了基于完全信息和不完全信息下酸雨跨地区传播的问题。分别建立了合作和非合作情形下的博弈模型。结果表明，各利益相关方在合作博弈的情形下收益远远高于非合作博弈情形。

Petrosjan 和 Zaccour（2003）研究了环境污染联合治理参与国在减少污染合作博弈中的总成本分摊问题。通过应用 Shapley 值并设计了一种利益分配机制来确定参与者之间的成本分摊，解决了各参与国之间的成本分摊公平问题。

薛俭等（2014a）构建了我国大气污染治理区域合作博弈模型，描述了四类治理费用分配方法（Shapley 值法、核心法、GQP 法、MCRS 法）。并在京津冀区域算例分析中，对四类分配方法进行了比较。最后，指出基于区域合作博弈模型的大气污染治理费用分配将有助于总量控制规划的顺利实施，有效控制污染。

薛俭等（2014b）结合目前京津冀区域大气污染的实际情况，通过构建区域优化模型和 Shapley 值合作收益分配方案，建立了京津冀大气污染治理省际合作博弈模型。通过求解区域优化模型得到各省份最优去除量和去除成本，进而利用 Shapley 值法获得了相对公平的合作收益分配方案。

卫永红和孙策（2015）指出空气污染已经成为当前无法逃避的问题，需要各地区的联合协作。依据合作博弈中的 Shapley 模型，提出合作治理大气污染的成本分配方案，并建议中央政府在此基础上发放治理补贴。

高明等（2016）从演化博弈的视角，探究了地方政府之间达成并巩固合作联盟的因素，认为合作收益是达成大气污染合作治理联盟的必要条件，合作成本与中央政府约束的程度决定了合作治理联盟的稳定性。

孟庆春等（2017）基于山东省各市灰霾污染物的排放情况，拟合了各市的污染物去除费用函数，并建立了区域环境成本最优模型和加权的合作收益补偿机制。在此基础上，构建了山东省各市治理灰霾的合作博弈模型。然后以二氧化硫去除为例，通过求解各市合作的最优去除量和去除费用，对合作收益进行了加权补偿。

孙蕾和孙绍荣（2017）构建了跨域合作污染治理的特征函数和模糊合作博弈的参与度函数，结合京津冀实际环境数据并利用模糊博弈 Shapley 法，获得了合作省市成本分摊方案。在此基础上，分析了年平均浓度、年空气质量未达标天数、环境污染治理力对成本分摊的影响关系。

唐湘博和陈晓红（2017）基于大气环境质量目标视角，构建了区域上层管理部门（如国家或区域）和下层所辖各区的双层博弈模型，明确了大气污染减排成本与减排量的函数关系，利用定量分析方法模拟计算了污染协同减排补偿标准及各辖区所承担的污染物减排量。并提出对实际减排量低于（或超过）责任减排量的辖区进行补偿费的征收（或奖励）。

1.3　现有研究存在的局限性

通过上述文献梳理可以看出，目前国内外学者在大气污染协同治理的研究领域取得了一定成果，这些成果构成了本书研究的理论基础和设计参考，但就本书的研究主题来看，现有研究还存在一些不足之处。

第一，目前关于大气污染协同治理的研究主要是从政策法规、国外经验案例、合作博弈等方面进行分析的，对区域大气污染协同治理关系的影响因素、形成机理、演化过程和趋势等并没有进行系统性研究，对厘清区域大气污染协同治理关系的关键性突破口和可持续发展路径，缺少综合性的理论探索。

第二，现有的区域大气污染协同治理研究，以定性探讨为主，定量分析较少，仅集中在合作博弈方面，且主要侧重于利益关系问题，对同一"空气流域"内不同地区之间的信任均衡问题很少涉及。区域内各个地方政府如何能在反复博弈后达成稳定的信任关系，进而削减协同过程中的不利因素，还缺少充足的理论支撑。

第三，现有针对地区之间利益关系的合作博弈研究，主要是基于 Shapley 模型进行成本分摊和利益分配方案的设计，既没有考虑"源头"协同减排和"排放后"协同治理两个阶段的不同特征，也没有考虑不同地区之间在经济发展水平、能源利用效率、环境溢出效应等方面可能存在的差异性。

第 2 章 我国大气污染现状分析

2.1 数 据 来 源

《重点区域大气污染防治"十二五"规划》制定的规划范围为"京津冀、长三角、珠三角地区,以及山东城市群、辽宁中部、武汉及其周边、长株潭、成渝、海峡西岸、山西中北部、陕西关中、甘宁、新疆乌鲁木齐城市群,共涉及 19 个省、自治区、直辖市"。根据各区域间的经济发展和大气污染程度的不同,以及数据的可获得性,本章拟定将京津冀、长三角、珠三角、长江中游区域以及成渝区域作为研究对象。

鉴于数据的可获得性,本章选取最新的《环境空气质量标准(GB 3095—2012)》中所规定的大气污染物:烟粉尘、SO_2、$PM_{2.5}$、PM_{10}、CO、NO_2 及臭氧作为统计对象。其中,烟粉尘与 SO_2 采用"年排放总量"进行统计(由于对比分析的需要,在 2.3 节"重点区域大气污染物数据分析"中,采用"人均年排放量"作为统计指标),这一部分数据主要来源于统计年鉴,包括《中国统计年鉴》《中国环境统计年鉴》《重庆统计年鉴》《北京统计年鉴》《天津统计年鉴》《上海统计年鉴》《四川统计年鉴》等。$PM_{2.5}$、PM_{10}、CO、NO_2 及臭氧采用"年平均浓度"进行统计,这一部分数据主要是通过年鉴-中国知网、《中国环境状况公报》和各省市的环境状况公报等整理获得的。

本章根据《环境空气质量标准(GB 3095—2012)》提出的环境空气功能区分类、标准分级、污染物项目、平均时间及浓度限值等对重点区域大气污染情况进行综合评价,具体分类和判别标准如表 2.1 和表 2.2 所示。

表 2.1 环境空气质量功能区类别和标准分级

环境空气质量功能区分类	一类区	自然保护区、风景名胜区和其他需要特殊保护的区域
	二类区	居住区、商业交通居民混合区、文化区、工业区和农村地区
环境空气质量标准分级	一级标准	一类区执行一级标准
	二级标准	二类区执行二级标准

表 2.2　环境空气污染物基本项目浓度限值

序号	污染物项目	平均时间	浓度限值		单位
			一级	二级	
1	二氧化硫（SO_2）	年平均	20	60	微克/米^3（$\mu g/m^3$）
		24 小时平均	50	150	
		1 小时平均	150	500	
2	二氧化氮（NO_2）	年平均	40	40	
		24 小时平均	80	80	
		1 小时平均	200	200	
3	一氧化碳（CO）	24 小时平均	4	4	毫克/米^3（mg/m^3）
		1 小时平均	10	10	
4	臭氧（O_3）	日最大 8 小时平均	100	160	
		1 小时平均	160	200	
5	颗粒物（粒径小于等于 10μm）	年平均	40	70	微克/米^3（$\mu g/m^3$）
		24 小时平均	50	150	
6	颗粒物（粒径小于等于 2.5μm）	年平均	15	35	
		24 小时平均	35	75	

注：一类区适用一级浓度限值，二类区适用二级浓度限值。

2.2　全国主要大气污染物数据分析

随着我国工业化和城市化进程的加快，资源消耗量持续增长，导致我国大气环境形势十分严峻，特别是区域性、复合型大气污染日益突出，严重制约了社会经济可持续发展，威胁人民的身体健康（王韵，2016）。中国烟粉尘与 SO_2 年排放总量情况如表 2.3 和图 2.1 所示；$PM_{2.5}$、臭氧和 CO 年平均浓度情况如图 2.2 所示；PM_{10} 和 NO_2 年平均浓度如图 2.3 所示。

表 2.3　2005～2014 年中国烟粉尘与 SO_2 年排放总量　　（单位：万吨）

类型	2005 年	2006 年	2007 年	2008 年	2009 年	2010 年	2011 年	2012 年	2013 年	2014 年
烟粉尘	2093.7	1897.2	1685.3	1486.5	1371.3	1277.8	1278.8	1235.8	1278.1	1740.8
SO_2	2549.4	2588.7	2468.1	2321.2	2414.4	2185.1	2217.9	2117.6	2043.9	1974.4

由表 2.3 和图 2.1 可知，中国烟粉尘年排放总量总体趋势是先降后升。除了 2011 年略有上升之外，2005～2012 年以 7.3% 的平均速度逐年下降；2014 年猛增到 1740.8 万吨，比 2012 年增加 40.9%，但相对 2005 年减少了 16.9%。SO_2 排放总量呈起伏波动趋势。在 2014 年达到最小值 1974.4 万吨，比 2005 年减少 22.6%。

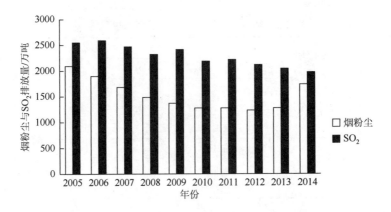

图 2.1　2005～2014 年中国烟粉尘与 SO_2 年排放总量

2012 年国家推出《重点区域大气污染防治"十二五"规划》以后，SO_2 年排放总量得到有效改善：2012 年 SO_2 为 2117.6 万吨，2014 年为 1974.4 万吨，比 2012 年减少 6.8%。

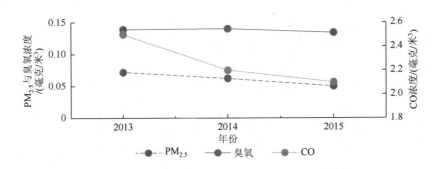

图 2.2　2013～2015 年中国 $PM_{2.5}$、臭氧和 CO 年平均浓度

图 2.2 为全国 2013～2015 年 $PM_{2.5}$、臭氧和 CO 年平均浓度变化趋势图（其中图 2.2 的左纵坐标表示 $PM_{2.5}$ 和臭氧浓度，右纵坐标表示 CO 浓度）。从图 2.2 可以看出，$PM_{2.5}$ 年平均浓度以 16.7% 的平均速度逐年下降；臭氧浓度总体呈现平稳趋势，2013 年和 2014 年臭氧浓度基本持平，在 2015 年略有下降，比 2014 年减少 4.3%；CO 浓度 2013～2015 年以 8.3% 的平均速度逐年下降，到 2014 年骤降到 2.2 毫克/米^3，比 2013 年减少 12.0%。

图 2.3 为 2006～2015 年中国主要大气污染物 PM_{10}、NO_2 年平均浓度变化趋势（其中图 2.3 的左纵坐标表示 PM_{10} 浓度，右纵坐标表示 NO_2 浓度）。从图 2.3 可以看出，PM_{10} 和 NO_2 年平均浓度变化趋势走向大体一致。PM_{10} 在 2007～2012 年以 3.3% 的平均速度逐年缓慢下降，在 2012 年达到最小值，比 2006 年减少 17.0%；在 2013 年

出现反弹，比 2012 年增加 42.2%；2013～2015 年以 14.1%平均速度逐年下降。NO_2 在 2007～2011 年以 2.8%的平均速度下降；2012 年与 2011 年数据基本持平；在 2013 年猛增到 0.044 毫克/米^3，比 2012 年增加 18.9%；2014 年 NO_2 年平均浓度下降到 0.038 毫克/米^3；2015 年 NO_2 年平均浓度与 2014 年基本持平。

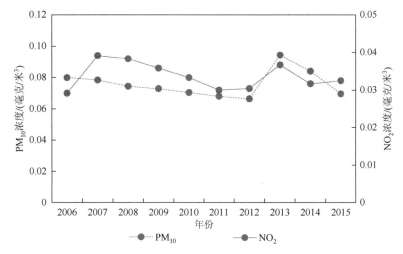

图 2.3　2006～2015 年中国 PM_{10} 和 NO_2 年平均浓度

　　从以上分析可以看出，受近几年国家的相关政策影响，我国大气污染问题有了一定改善。SO_2、烟粉尘的排放情况有所减少，CO、臭氧和 NO_2 勉强达到国家二级标准，但是距离 2005 年世界卫生组织规定的国际标准还有较大距离，而 PM_{10} 与 $PM_{2.5}$ 年平均浓度仍然没有达标。

　　上述数据统计分析是针对宏观的全国层面，但不同区域大气污染程度不同，例如，根据《2015 年云南省环境状况公报》所述，全省 16 个城市空气质量指数（air quality index，AQI）优良天数占到 93.1%～100%，其中香格里拉市和丽江市古城区优良天数是 100%，而北京 2015 年 11～12 月两月的时间就出现了 22 天的重污染天气。由此可知不同的区域之间大气污染差距较大，因此大气污染治理也应有所侧重。所以 2.3 节将侧重统计重点区域的大气污染排放物的状况。

2.3　重点区域大气污染物数据分析

2.3.1　京津冀区域

　　京津冀地处东北亚环渤海核心地带，是中国城市分布最密集、综合实力最强的区域之一（魏娜和赵成根，2016）。京津冀区域经济的快速发展长期建立在资源和能源的快速消耗上，这与制造业、建筑业、交通运输业等的快速发展密切相关，导致烟粉尘与二氧化硫等大气污染物增加，也由此对环境造成了极大的破坏。京津冀区域烟粉尘年排放总量情况如表 2.4 和图 2.4 所示；SO_2 年排放总量如表 2.5 和图 2.5 所示。

表 2.4　2005～2014 年京津冀区域烟粉尘年排放总量　（单位：万吨）

地区	2005 年	2006 年	2007 年	2008 年	2009 年	2010 年	2011 年	2012 年	2013 年	2014 年
北京	9.0	8.0	6.8	6.4	6.2	6.5	6.6	6.7	5.9	5.7
天津	11.0	9.0	8.3	7.7	7.9	7.3	7.6	8.4	8.7	14.0
河北	144.6	136.9	115.5	107.5	94.6	82.1	132.2	123.6	131.3	179.8

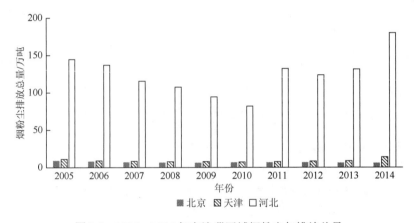

图 2.4　2005～2014 年京津冀区域烟粉尘年排放总量

由表 2.4 和图 2.4 可知，2005～2014 年北京烟粉尘年排放总量呈波动趋势。2005～2009 年以 8.9% 的平均速度逐年下降；2009～2012 年以 2.6% 的平均速度逐年上升；2012～2014 年以 7.8% 的平均速度逐年下降，2014 年为 5.7 万吨，比 2005 年减少 36.7%。天津烟粉尘年排放总量总体趋势是先降后升，除 2009 年有所回升外，2005～2010 年以 7.9% 的平均速度逐年下降；2010～2014 年以 17.7% 的平均速度逐年增加，在 2014 年猛增到 14.0 万吨，比 2013 年增加 60.9%，比 2005 年增加 27.3%。河北烟粉尘年排放总量总体趋势是先降后升，2005～2010 年以 10.7% 的平均速度逐年下降；在 2014 年猛增到 179.8 万吨，比 2005 年增加 24.3%，比 2013 年增加 36.9%。

由表 2.5 和图 2.5 可知，北京和天津的 SO_2 年排放总量 2006～2015 年分别以 9.6% 和 3.4% 的平均速度逐年下降。河北的 SO_2 年排放总量呈波动趋势。2006～

2010 年以 5.5%的平均速度逐年下降；在 2011 年猛增到 141.2 万吨，比 2010 年增加 14.4%；然后 2011～2015 年以 5.9%的平均速度逐年下降，在 2015 年达到最小值 110.8 万吨，比 2006 年减少 28.3%，比 2011 年减少 21.5%。

表 2.5　2006～2015 年京津冀区域 SO_2 年排放总量　（单位：万吨）

地区	2006 年	2007 年	2008 年	2009 年	2010 年	2011 年	2012 年	2013 年	2014 年	2015 年
北京	17.6	15.2	12.3	11.9	11.5	9.8	9.4	8.7	7.9	7.1
天津	25.4	24.5	24.0	23.7	23.5	23.1	22.5	21.7	20.9	18.6
河北	154.5	149.2	134.5	125.3	123.4	141.2	134.1	128.5	119.0	110.8

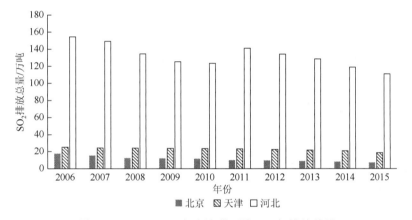

图 2.5　2006～2015 年京津冀区域 SO_2 年排放总量

　　从整体分析情况来看，河北 2005～2014 年烟粉尘年排放总量是北京的 18 倍左右，是天津的 13 倍左右，SO_2 年排放总量也明显比北京、天津高出许多。由于区域内各城市之间的经济发展、地理特征、人口数量以及污染程度状况等的不同，简单地对北京、天津以及河北的烟粉尘与 SO_2 年排放总量进行统计缺乏可比性。因此，将区域内所选城市的烟粉尘与 SO_2 年排放总量转换为人均烟粉尘、人均 SO_2 年排放量（后续各区域处理方式类似）。京津冀区域人均烟粉尘年排放量情况如表 2.6 和图 2.6 所示；京津冀区域人均 SO_2 年排放量情况如表 2.7 和图 2.7 所示。

　　由表 2.6 和图 2.6 可知，北京 2005～2014 年的人均烟粉尘年排放量以 8.7%的平均速度逐年下降，2014 年比 2005 年减少 55.9%。天津人均烟粉尘年排放量 2005～2010 年以 11.8%的平均速度逐年下降；2011～2013 年有小幅度的上升，在 2014 年猛增到 0.0092 吨/人，比 2013 年增加 55.9%。河北人均烟粉尘年排放量总体趋势是先下降后上升，2005～2010 年以 11.6%的平均速度逐年下降；2011～2013 年升降幅度不明显，在 2014 年猛增到 0.0243 吨/人，比 2013 年增加 35.8%。

表 2.6　2005～2014 年京津冀区域人均烟粉尘年排放量　（单位：吨/人）

地区	2005 年	2006 年	2007 年	2008 年	2009 年	2010 年	2011 年	2012 年	2013 年	2014 年
北京	0.0059	0.0050	0.0042	0.0038	0.0035	0.0033	0.0033	0.0032	0.0028	0.0026
天津	0.0105	0.0084	0.0074	0.0065	0.0064	0.0056	0.0056	0.0059	0.0059	0.0092
河北	0.0211	0.0198	0.0166	0.0154	0.0134	0.0114	0.0183	0.0170	0.0179	0.0243

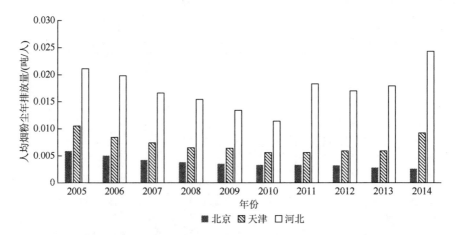

图 2.6　2005～2014 年京津冀区域人均烟粉尘年排放量

由表 2.7 和图 2.7 可知，北京和天津的人均 SO_2 年排放量 2006～2015 年分别以 12.6%和 7.2%的平均速度逐年下降，2015 年分别为 0.0033 吨/人和 0.0120 吨/人，比 2006 年减少 70.3%和 49.2%。河北的人均 SO_2 年排放量呈先下降再上升后下降的趋势。2006～2010 年以 6.4%的平均速度逐年下降；在 2011 年有所增加，比 2010 年增加 13.4%；2011～2015 年以 6.5%的平均速度逐年下降。

表 2.7　2006～2015 年京津冀区域人均 SO_2 年排放量　（单位：吨/人）

地区	2006 年	2007 年	2008 年	2009 年	2010 年	2011 年	2012 年	2013 年	2014 年	2015 年
北京	0.0111	0.0093	0.0073	0.0068	0.0059	0.0048	0.0045	0.0041	0.0037	0.0033
天津	0.0236	0.0220	0.0204	0.0193	0.0181	0.0170	0.0159	0.0147	0.0138	0.0120
河北	0.0224	0.0215	0.0192	0.0178	0.0172	0.0195	0.0184	0.0175	0.0161	0.0149

由上述分析可知，京津冀区域的人均 SO_2 年排放量呈下降趋势，空气治理取得了一定的成效。但烟粉尘排放量近几年有逐年递增的趋势，特别是河北省，人均烟粉尘年排放量明显要比北京和天津高出许多。这与河北省人口过度集中、产业结构不合理及机动车污染等问题密不可分。当下京津冀地区空气污染日渐加剧，

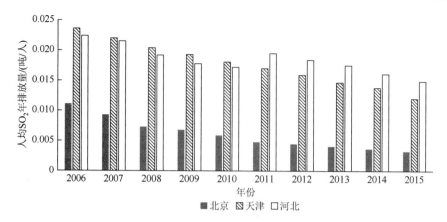

图 2.7 2006～2015 年京津冀区域人均 SO_2 年排放量

尤其是经常发生的雾霾现象，对人们的身体健康构成了极大的威胁，究其原因是污染行业相对较多，大多数能源消耗的工业产业集中于京津冀地区。

京津冀区域 $PM_{2.5}$ 年平均浓度情况如图 2.8 所示；臭氧年平均浓度如图 2.9 所示；CO 年平均浓度如图 2.10 所示；PM_{10} 年平均浓度情况如图 2.11 所示；NO_2 年平均浓度情况如图 2.12 所示。

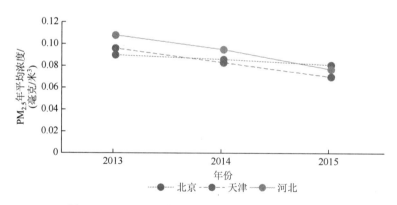

图 2.8 2013～2015 年京津冀区域 $PM_{2.5}$ 年平均浓度

由图 2.8 可知，北京、天津和河北的 $PM_{2.5}$ 年平均浓度 2013～2015 年分别以 5.1%、14.6% 和 15.6% 的平均速度逐年下降。2015 年分别为 0.081 毫克/米^3、0.07 毫克/米^3、0.077 毫克/米^3，比 2013 年减少 10.0%、27.1%、28.7%。

由图 2.9 可知，北京臭氧浓度 2013～2015 年以 5.3% 的平均速度逐年上升。从 2013 年的 0.183 毫克/米^3 上升到 2015 年的 0.203 毫克/米^3，比 2013 年增加 10.9%。天津臭氧浓度先升后降。2013～2014 年以 4.0% 的速度上升；2014～2015 年以 9.6% 的速度下降。河北臭氧浓度 2013～2015 年以 6.5% 的平均速度逐年下降。从

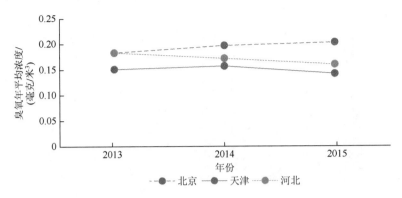

图 2.9　2013～2015 年京津冀区域臭氧年平均浓度

2013 年的 0.183 毫克/米^3 下降到 2015 年的 0.16 毫克/米^3，比 2013 年减少 12.6%。总的来说，2013～2015 年北京的臭氧浓度最高。

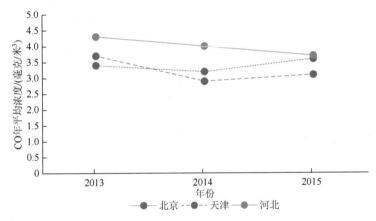

图 2.10　2013～2015 年京津冀区域 CO 年平均浓度

由图 2.10 可知，2013～2015 年北京和天津的 CO 浓度都呈先降后升的趋势，均在 2014 年达到最小值 3.2 毫克/米^3 和 2.9 毫克/米^3。2015 年北京和天津的 CO 浓度分别达到 3.6 毫克/米^3 和 3.1 毫克/米^3，分别比 2013 年的 CO 浓度增加了 5.9% 和减少了 16.2%。河北的 CO 浓度 2013～2015 年以 7.2% 的平均速度逐年下降。从 2013 年的 4.3 毫克/米^3 下降到 2015 年的 3.7 毫克/米^3，2015 年比 2013 年减少 14.0%。总的来说，2013～2015 年河北的 CO 浓度最高。

由图 2.11 可以看出，近十年中，除了 2014 年有短暂回升之外，北京 PM$_{10}$ 年平均浓度 2006～2013 年以 5.6% 的平均速度逐年下降。2015 年为 0.102 毫克/米^3，比 2006 年下降 37.0%。天津 PM$_{10}$ 年平均浓度呈起伏变动趋势。在 2013 年达到最大值，0.15 毫克/米^3，比 2006 年上升 31.6%，比 2012 年上升 42.9%；2013～2015 年以 12.1%

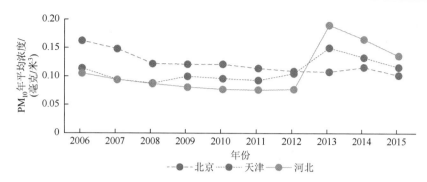

图 2.11　2006~2015 年京津冀区域 PM_{10} 年平均浓度

的平均速度逐年下降。河北 PM_{10} 年平均浓度 2006~2012 年以 5.0%的平均速度逐年下降；在 2013 年猛增到 0.19 毫克/米^3，比 2006 年增加 81.0%，比 2012 年增加 146.8%；2013~2015 年以 15.4%的平均速度逐年下降。

　　由图 2.12 可知，2006~2015 年北京 NO_2 年平均浓度呈起伏变化趋势。在 2008 年骤降到最小值 0.049 毫克/米^3 后，2009~2015 年北京 NO_2 年平均浓度在 0.05~0.06 毫克/米^3 范围内波动。2006~2015 年天津 NO_2 年平均浓度总体趋势是先下降再上升后下降，在 2011 年达到最小值，为 0.038 毫克/米^3；在 2013 年猛增到 0.054 毫克/米^3，比 2006 年增加 12.5%，比 2011 年增加 42.1%；2013~2015 年以 11.8%的平均速度逐年下降。河北 NO_2 的年平均浓度在 2006~2012 年较平稳；2012~2013 年骤增，2013 年之后以 5.0%的平均速度逐年下降。

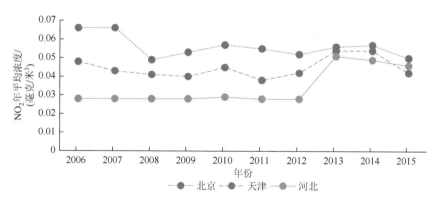

图 2.12　2006~2015 年京津冀区域 NO_2 年平均浓度

　　根据 GB 3095—2012 标准（表 2.1 和表 2.2），截至 2015 年年底，京津冀区域北京、天津和河北的 $PM_{2.5}$ 年平均浓度均未达到国家二级标准；CO 年平均浓度均达到国家二级标准；北京臭氧浓度未达到国家二级标准；北京、天津以及河北的 PM_{10} 和 NO_2 年平均浓度均未达到国家二级标准。

2.3.2 长三角区域

国务院于 2008 年颁布了《关于进一步推进长江三角洲地区改革开放和经济社会发展的指导意见》(国发〔2008〕30 号),对长三角区域范围给出了明确的界定,即长三角区域范围是指上海、江苏、浙江一市两省(姬兆亮,2012)。长三角地区的能源消费结构以煤为主,煤燃烧排放出大量的二氧化硫,同时金属冶炼、矿物燃料和化肥农药等污染行业排放出了大量的烟粉尘及二氧化硫。这不仅对经济可持续发展造成了严重的影响,还威胁到人民的身体健康。长三角区域人均烟粉尘年排放量情况如表 2.8 和图 2.13 所示;人均 SO_2 年排放量情况如表 2.9 和图 2.14 所示。

表 2.8 2005～2014 年上海、江苏和浙江人均烟粉尘年排放量　(单位:吨/人)

地区	2005 年	2006 年	2007 年	2008 年	2009 年	2010 年	2011 年	2012 年	2013 年	2014 年
上海	0.0071	0.0068	0.0061	0.0060	0.0057	0.0049	0.0038	0.0037	0.0034	0.0058
江苏	0.0100	0.0097	0.0084	0.0070	0.0064	0.0062	0.0067	0.0056	0.0063	0.0096
浙江	0.0100	0.0086	0.0076	0.0068	0.0069	0.0057	0.0059	0.0046	0.0058	0.0069

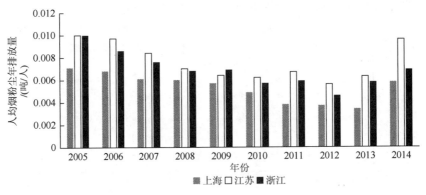

图 2.13 2005～2014 年上海、江苏和浙江人均烟粉尘年排放量

由表 2.8 和图 2.13 可知,2005～2014 年上海人均烟粉尘年排放量总体趋势是先下降后上升,2005～2013 年以 8.8% 的平均速度逐年下降;在 2014 年有所上升,达到 0.0058 吨/人,比 2005 年下降 18.3%,比 2013 年增加 70.6%。江苏人均烟粉尘年排放量总体趋势是先缓慢下降后上升,在 2012 年达到最小值 0.0056 吨/人;2012～2014 年逐年增加,在 2014 年猛增到 0.0096 吨/人,比上年度升高 52.4%,

比 2005 年下降 4.0%。浙江人均烟粉尘年排放量总体趋势是起伏波动的，在 2012 年达到最小值，0.0046 吨/人；然后以 22.5% 的平均速度逐年增加，在 2014 年达到 0.0069 吨/人，比上年度升高 19.0%，比 2005 年下降 31.0%。

由表 2.9 和图 2.14 可知，上海、江苏和浙江的人均 SO_2 年排放量 2006～2015 年分别以 14.1%、5.4% 和 6.2% 的平均速度呈下降趋势。分别从 2006 年的 0.0280 吨/人、0.0173 吨/人和 0.0172 吨/人下降到 2015 年的 0.0071 吨/人、0.0105 吨/人和 0.0097 吨/人，比上一年下降 9.0%、7.9% 和 6.7%。

表 2.9　2006～2015 年上海、江苏和浙江 SO_2 人均年排放量　（单位：吨/人）

地区	2006 年	2007 年	2008 年	2009 年	2010 年	2011 年	2012 年	2013 年	2014 年	2015 年
上海	0.0280	0.0268	0.0236	0.0197	0.0155	0.0102	0.0096	0.0089	0.0078	0.0071
江苏	0.0173	0.0160	0.0147	0.0139	0.0133	0.0133	0.0125	0.0119	0.0114	0.0105
浙江	0.0172	0.0158	0.0145	0.0135	0.0124	0.0121	0.0114	0.0108	0.0104	0.0097

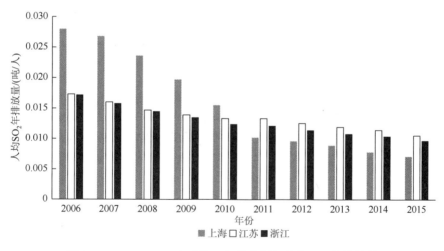

图 2.14　2006～2015 年上海、江苏和浙江人均 SO_2 年排放量

由上述分析可知，长三角区域的人均 SO_2 年排放量呈下降趋势，大气污染得到有效改善。但由于在三次产业结构中，长三角地区第二产业所占比重最大并且发展迅猛，不可避免地对区域环境造成了较大影响，区域内的人均烟粉尘呈起伏波动趋势。长三角地区的大气环境在国家环境空气质量标准下属于轻污染级，但是在工业集中的部分城市和地区，大气污染有逐渐加重的趋势。大气污染的主要来源是煤燃烧、机动车尾气排放和秸秆焚烧等，而大面积的秸秆集中焚烧已成为长三角地区重霾污染天气形成的主要原因之一。

长三角区域 $PM_{2.5}$ 年平均浓度情况如图 2.15 所示；臭氧年平均浓度如图 2.16 所示；CO 年平均浓度如图 2.17 所示；PM_{10} 年平均浓度如图 2.18 所示；NO_2 年平均浓度如图 2.19 所示。

由图 2.15 可知，2013～2015 年上海 $PM_{2.5}$ 年平均浓度呈先降后升的趋势。从 2013 年的 0.062 毫克/米^3 下降到 2014 年的 0.052 毫克/米^3，再从 2014 年上升到 2015 年的 0.053 毫克/米^3。江苏和浙江的 $PM_{2.5}$ 年平均浓度 2013～2015 年分别以 10.9% 和 12.2% 的平均速度逐年下降。分别从 2013 年的 0.073 毫克/米^3、0.061 毫克/米^3 下降到 2015 年的 0.058 毫克/米^3、0.047 毫克/米^3，比 2013 年下降 20.5%、23.0%。

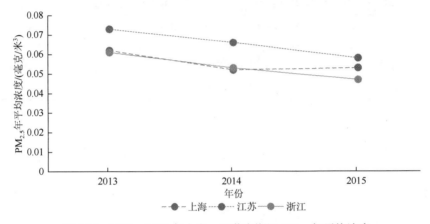

图 2.15　2013～2015 年上海、江苏和浙江 $PM_{2.5}$ 年平均浓度

由图 2.16 可知，2013～2015 年上海臭氧浓度呈先降后升的趋势。从 2013 年的 0.163 毫克/米^3 下降到 2014 年的 0.149 毫克/米^3，比上一年降低 8.6%；后在 2015 年

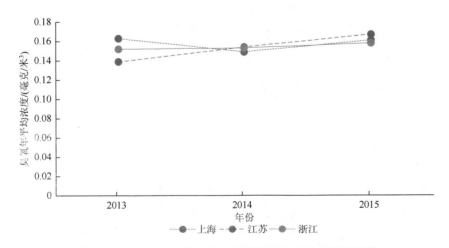

图 2.16　2013～2015 年上海、江苏和浙江臭氧年平均浓度

增加到 0.161 毫克/米³，比上一年升高 8.1%，比 2013 年下降 1.2%。江苏和浙江的臭氧浓度 2013～2015 年分别以 9.6%和 2.0%的平均速度逐年增加。从 2013 年的 0.139 毫克/米³、0.152 毫克/米³ 增加到 2015 年的 0.167 毫克/米³、0.158 毫克/米³，比 2013 年增加 20.1%、3.9%。

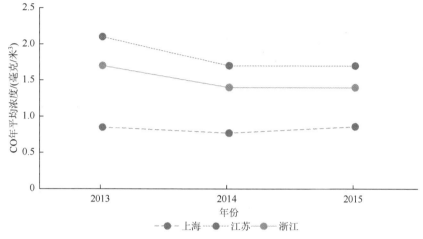

图 2.17　2013～2015 年上海、江苏和浙江 CO 年平均浓度

由图 2.17 可知，2013～2015 年上海 CO 浓度呈先降后升的趋势。在 2014 年达到最小值，0.77 毫克/米³；后增到 2015 年的 0.86 毫克/米³，比上一年升高 11.7%。江苏和浙江的 CO 浓度 2013～2014 年是呈下降趋势的；2015 年与 2014 年的 CO 浓度持平。总的来说，2013～2015 年江苏 CO 浓度最高，上海 CO 浓度最低。

根据 GB 3095—2012（表 2.1 和表 2.2）标准可知，截至 2015 年年底，上海、江苏以及浙江的 $PM_{2.5}$ 年平均浓度均未达到国家二级标准；CO 年平均浓度均达到国家二级标准；上海、江苏的臭氧浓度均未达到国家二级标准。

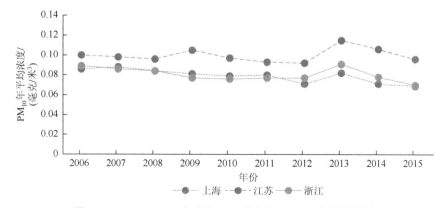

图 2.18　2006～2015 年上海、江苏和浙江 PM_{10} 年平均浓度

　　由图 2.18 可以看出，2006～2015 年上海 PM_{10} 年平均浓度呈波动趋势。2007～2012 年以 4.2%的平均速度逐年下降，在 2012 年达到最小值，0.071 毫克/米³；在 2013 年增到 0.082 毫克/米³，比 2012 年升高 15.5%；2013～2015 年以 8.3%的平均速度逐年下降。江苏 PM_{10} 年平均浓度呈起伏变化趋势，2012 年达到最小值 0.092 毫克/米³ 后在 2013 年出现反弹，猛增到 0.115 毫克/米³，比上一年升高 25%；2013～2015 年以 8.6%的平均速度逐年下降。浙江 PM_{10} 年平均浓度总体趋势呈先缓慢下降再上升后迅速下降。2006～2012 年以 2.4%的平均速度缓慢下降；在 2013 年出现反弹，比上一年升高 18.2%；2013～2015 年以 12.3%的平均速度逐年下降。总的来说，2006～2015 年江苏的 PM_{10} 年平均浓度最高。

　　由图 2.19 可知，2006～2015 年上海 NO_2 年平均浓度总体呈下降趋势。2006～2015 年以 2.0%的平均速度下降，2015 年为 0.046 毫克/米³，比 2006 年降低 16.4%。江苏 NO_2 年平均浓度总体趋势是先升后降，2006～2013 年以 4.6%的平均速度上升，在 2013 年猛增到 0.041 毫克/米³，比上一年升高 10.8%，比 2006 年升高 36.7%；2013～2015 年以 5.0%的平均速度逐年下降。浙江 NO_2 年平均浓度呈先下降再上升后下降的趋势，在 2009 年达到最小值 0.031 毫克/米³ 后，以 7.9%的平均速度逐年增加到 2013 年的 0.042 毫克/米³，比 2009 年升高 35.5%，比 2006 年升高 20.0%；2013～2015 年以 6.1%的平均速度逐年缓慢下降。

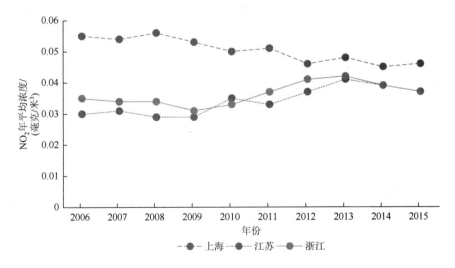

图 2.19　2006～2015 年上海、江苏和浙江 NO_2 年平均浓度

　　根据 GB 3095—2012（表 2.1 和表 2.2）标准可知，截至 2015 年年底，江苏 PM_{10} 年平均浓度未达到国家二级标准；上海 NO_2 年平均浓度未达到国家二级标准。

2.3.3　珠三角区域

　　珠三角区域是我国发展速度最快的经济区之一，也是我国三大城市群之一。该地区包括了广州、深圳、珠海、东莞、中山、佛山、江门、惠州、肇庆九个城市以及香港和澳门（吴蒙等，2014）。考虑某些地区的经济发展相对比较落后以及数据的可得性，本节选取广州和深圳作为珠三角区域研究对象。珠三角地区的快速发展伴随着区域资源和能源的大量消耗，导致了多种污染物高强度集中排放到空气中。珠三角区域人均烟粉尘年排放量如表 2.10 和图 2.20 所示；人均 SO_2 年排放量如表 2.11 和图 2.21 所示。

　　由表 2.10 和图 2.20 可知，2006～2015 年广州人均烟粉尘年排放量呈起伏变化趋势。2014 年的人均烟粉尘年排放量最低，比 2006 年降低 45.8%；2015 年又有所回升。2011～2014 年深圳人均烟粉尘年排放量呈起伏变化趋势。在 2012 年猛增到 0.0005 吨/人，比 2011 年上升 400.0%；2014 年为 0.0003 吨/人，比 2011 年上升 200.0%，比 2013 年上升 50.0%。

表 2.10　2006～2015 年广州和深圳人均烟粉尘年排放量　（单位：吨/人）

地区	2006 年	2007 年	2008 年	2009 年	2010 年	2011 年	2012 年	2013 年	2014 年	2015 年
广州	0.0024	0.0023	0.0024	0.0017	0.0014	0.0019	0.0015	0.0013	0.0013	0.0016
深圳	—	—	—	—	—	0.0001	0.0005	0.0002	0.0003	—

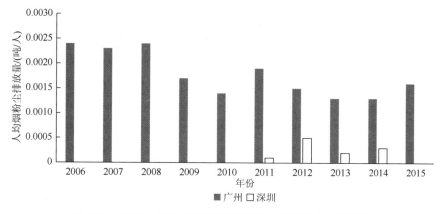

图 2.20　2006～2015 年广州和深圳市人均烟粉尘年排放量

　　由表 2.11 和图 2.21 可知，广州人均 SO_2 年排放量 2006～2015 年以 11.1% 的平均速度下降。2015 年为 0.0059 吨/人，比 2006 年下降 65.3%，比 2014 年下降

21.3%。深圳市人均 SO_2 年排放量 2011~2014 年以 20.6%的平均速度下降。2014 年为 0.0005 吨/人，比 2011 年下降 50.0%，比 2013 年下降 16.7%。由此可知，广州人均 SO_2 年排放量要比深圳市高许多。

表 2.11　2006~2015 年广州和深圳人均 SO_2 年排放量　（单位：吨/人）

地区	2006 年	2007 年	2008 年	2009 年	2010 年	2011 年	2012 年	2013 年	2014 年	2015 年
广州	0.0170	0.0136	0.0127	0.0114	0.0097	0.0086	0.0086	0.0080	0.0075	0.0059
深圳	—	—	—	—	—	0.0010	0.0010	0.0006	0.0005	—

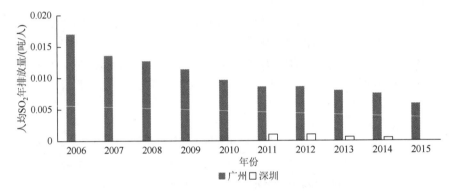

图 2.21　2006~2015 年广州和深圳人均 SO_2 年排放量

从上述分析可以看出，广州的人均烟粉尘年排放量、人均 SO_2 年排放量均高于深圳。近年来，珠三角区域雾霾天气频繁出现的主要原因就是工业生产和交通运输等大气污染物排放。2013 年深圳的工业增加值为 5889 亿元，比广州高出 24%。根据 2016 年统计公报，广州工业增加值为 5369.4 亿元，相比深圳同年的 7190.86 亿元落后 33.92%。但广州作为华南地区最大的港口、航空和铁路枢纽，其交通枢纽强大运力仅次于京沪，导致烟粉尘与 SO_2 等空气污染物浓度高于深圳。

在人为排放源增加以及独特的气象条件下，广州、深圳等大城市经常出现污染物浓度超标的情况。珠三角区域近十年的空气污染监测数据显示，珠三角区域大气污染呈现出十分明显的区域性特征。对人体健康、生态系统和区域气候有重大影响的污染物臭氧、PM_{10}、$PM_{2.5}$ 已成为该地区主要区域性污染物。珠三角区域 $PM_{2.5}$ 年平均浓度情况如图 2.22 所示；臭氧年平均浓度如图 2.23 所示；CO 年平均浓度如图 2.24 所示；PM_{10} 年平均浓度情况如图 2.25 所示；NO_2 年平均浓度情况如图 2.26 所示。

由图 2.22 可知，广州 $PM_{2.5}$ 年平均浓度 2013~2015 年以 14.2%的平均速度逐年下降。从 2013 年的 0.053 毫克/米 ^{3} 下降到 2015 年的 0.039 毫克/米 ^{3}，2015 年比 2013 年下降 26.4%。深圳 PM$_{2.5}$ 年平均浓度从 2013 年的 0.034 毫克/米 ^{3} 下降到 2014 年的 0.03 毫克/米 ^{3}，2014 年比 2013 年下降 11.8%；2015 年 PM$_{2.5}$ 年平均浓度与 2014 年持平。

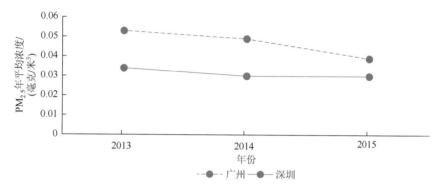

图 2.22　2013～2015 年广州和深圳 PM$_{2.5}$ 年平均浓度

由图 2.23 可知，2013～2015 年广州和深圳的臭氧浓度均呈先升后降的趋势。分别从 2013 年的 0.109 毫克/米 ^{3} 和 0.052 毫克/米 ^{3} 上升到 2014 年的 0.112 毫克/米 ^{3} 和 0.057 毫克/米 ^{3}；在 2015 年分别下降到 0.107 毫克/米 ^{3} 和 0.056 毫克/米 ^{3}，比 2013 年下降 1.8%、上升 7.7%。

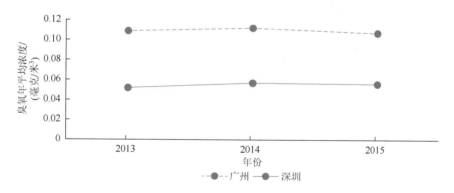

图 2.23　2013～2015 年广州和深圳臭氧年平均浓度

由图 2.24 可知，广州 CO 浓度以 44.7% 的平均速度逐年上升。在 2014 年猛增到 2.0 毫克/米 ^{3}，比 2013 年上升 90.5%；2015 年为 2.2 毫克/米 ^{3}，比 2013 年上升 109.5%，比 2014 年上升 10.0%。深圳 CO 浓度以 13.4% 的平均速度逐年下降。从 2013 年的 1.2 毫克/米 ^{3} 下降到 2015 年的 0.9 毫克/米 ^{3}，2015 年比 2013 年下降 25.0%，比 2014 年下降 18.2%。

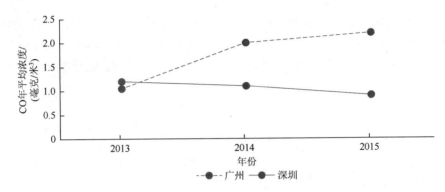

图 2.24　2013～2015 年广州和深圳 CO 年平均浓度

由图 2.25 可知，2006～2015 年广州 PM_{10} 年平均浓度总体呈下降趋势。2007～2010 年以 3.6% 的平均速度缓慢下降；2011 和 2012 年的 PM_{10} 年平均浓度与 2010 年持平；2013 年 PM_{10} 年平均浓度有所上升，达到 0.072 毫克/米^3，后迅速下降到 2015 年的 0.059 毫克/米^3，比 2013 年下降 18.1%，比 2006 年下降 33.0%。深圳 PM_{10} 年平均浓度呈先缓慢下降再上升后迅速下降的趋势。2006～2012 年以 2.8% 的平均速度缓慢下降；在 2013 年出现反弹，增加到 0.062 毫克/米^3；后开始迅速下降到 2015 年的 0.049 毫克/米^3，2015 年比 2013 年下降 21.0%，比 2006 年下降 23.4%。

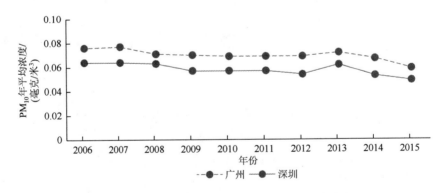

图 2.25　2006～2015 年广州和深圳 PM_{10} 年平均浓度

由图 2.26 可知，2006～2015 年广州 NO_2 年平均浓度总体呈下降趋势。2006～2015 年以 3.9% 的平均速度下降，2015 年达到最小值，0.047 毫克/米^3，比 2006 年降低 29.9%。深圳 NO_2 年平均浓度呈先下降再上升后下降的趋势。2006～2009 年以 8.6% 的平均速度下降，2009 年 NO_2 年平均浓度为 0.042 毫克/米^3，比 2006 年降低 23.6%；2011 年上升到 0.048 毫克/米^3，比 2009 年上升 14.3%；2011～2015 年以

8.9%的平均速度下降，到 2015 年达到 0.033 毫克/米 ^{3}，比 2011 年降低 31.3%，比 2006 年降低 40.0%。总的来说，2006～2015 年广州 PM_{10} 和 NO_2 年平均浓度均最高。

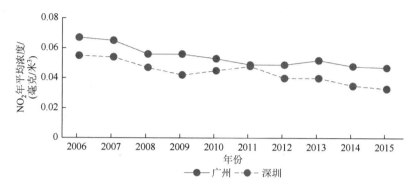

图 2.26　2006～2015 年广州和深圳 NO_2 年平均浓度

根据 GB 3095—2012（表 2.1 和表 2.2），截至 2015 年年底，广州 $PM_{2.5}$ 年平均浓度未达到国家二级标准；广州 NO_2 年平均浓度未达到国家二级标准。

2.3.4　长江中游区域

长江中游城市群主要是由湖南、湖北和江西三个省份组成的产业与经济发展区域，以武汉、长沙、南昌 3 个城市为核心，涵盖武汉城市圈、长株潭城市群和鄱阳湖城市群等若干个大中城市聚集带（李婷婷等，2017）。2015 年 4 月，《长江中游城市群发展规划》获批，确立长江中游区域为中国经济发展新的增长极。随着长江中游区域进入城市化、工业化的快速发展阶段，区域资源和能源的消耗量将大幅增大，可能会引发 PM_{10} 污染、灰霾天气、光化学烟雾等众多环境问题，对生产、生活以及人体健康都会产生极大的危害（张军和王圣，2017）。长江中游区域人均烟粉尘年排放量如表 2.12 和图 2.27 所示；人均 SO_2 年排放量如表 2.13 和图 2.28 所示。

由表 2.12 和图 2.27 可知，2005～2014 年湖南人均烟粉尘年排放量呈先降后升的趋势。2005～2012 年以 17.5%的平均速度逐年下降，2012 年为 0.0051 吨/人，比 2005 年降低 74.0%，比 2011 年降低 12.1%；后以 20.46%的平均速度逐年增加，2014 年为 0.0074 吨/人。湖北人均烟粉尘年排放量呈先降后升的趋势。2005～2010 年以 12.0%的平均速度逐年下降，2010 年为 0.0059 吨/人，比 2005 年降低 47.3%，比 2009 年降低 15.7%；后以 10.2%的平均速度逐年增加，2014 年为 0.0087 吨/人，比 2005 年降低 22.3%。江西人均烟粉尘年排放量总体趋势是先降后升。

除了 2011 年有短暂上升之外，2005～2013 年以 6.7%的平均速度下降；在 2014 年达到 0.0102 吨/人，比 2005 年下降 26.1%，比 2013 年上升 29.1%。

表 2.12　2005～2014 年湖南、湖北和江西人均烟粉尘年排放量（单位：吨/人）

地区	2005 年	2006 年	2007 年	2008 年	2009 年	2010 年	2011 年	2012 年	2013 年	2014 年
湖南	0.0196	0.0193	0.0173	0.0146	0.0143	0.0107	0.0058	0.0051	0.0054	0.0074
湖北	0.0112	0.0111	0.0092	0.0078	0.0070	0.0059	0.0060	0.0061	0.0062	0.0087
江西	0.0138	0.0133	0.0122	0.0110	0.0096	0.0087	0.0088	0.0079	0.0079	0.0102

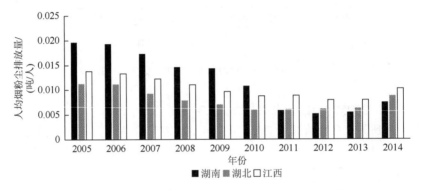

图 2.27　2005～2014 年湖南、湖北和江西人均烟粉尘年排放量

由表 2.13 和图 2.28 可知，除了 2006 年有所回升之外，湖南人均 SO_2 年排放量 2005～2014 年以 4.8%的平均速度逐年下降。2014 年为 0.0093 吨/人，比 2005 年降低 35.9%，比 2013 年降低 3.1%。除了 2006 年和 2011 年有所回升之外，湖北人均 SO_2 年排放量 2005～2014 年以 2.5%的平均速度逐年下降。2014 年为 0.0100 吨/人，比 2005 年降低 20.6%，比 2013 年降低 2.9%。江西人均 SO_2 年排放量呈起伏变化趋势。在 2014 年达到最小值，0.0118 吨/人，比 2005 年降低 16.9%，比 2013 年降低 4.1%。

表 2.13　2005～2014 年湖南、湖北和江西人均 SO_2 年排放量　（单位：吨/人）

地区	2005 年	2006 年	2007 年	2008 年	2009 年	2010 年	2011 年	2012 年	2013 年	2014 年
湖南	0.0145	0.0147	0.0142	0.0132	0.0127	0.0122	0.0104	0.0097	0.0096	0.0093
湖北	0.0126	0.0133	0.0124	0.0117	0.0113	0.0111	0.0116	0.0108	0.0103	0.0100
江西	0.0142	0.0146	0.0142	0.0133	0.0127	0.0125	0.0130	0.0126	0.0123	0.0118

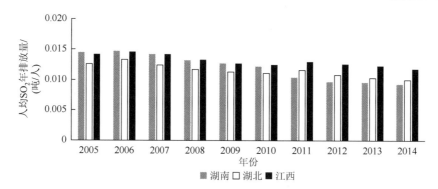

图 2.28 2005～2014 年湖南、湖北和江西人均 SO$_2$ 年排放量

由此可知，2011～2014 年江西的人均烟粉尘年排放量、人均 SO$_2$ 年排放量要比湖南、湖北高，大气污染相对而言最为严重。2014 年江西省的批发和零售业、交通运输业、住宿餐饮业和房地产业等传统服务业仍占据主体地位，由此带来的大气污染物排放量增加。而湖南和湖北的重工业比重比较大，产生的大气污染物排放总量较大，但由于湖南和湖北的人口数量比较多，以及对大气污染的强有效的治理，因此，人均大气污染物排放量相对较低。

鉴于长江中游区域 PM$_{2.5}$、臭氧、NO$_2$、PM$_{10}$ 以及 CO 的年平均浓度数据不够完整，故在此不对其进行具体分析。

2.3.5 成渝区域

成渝经济区以成都和重庆两市为中心，包括四川省 15 个市和重庆市 31 个区县。成渝经济区是继珠三角、长三角、京津冀地区之后中国第四大经济区（李友平等，2012）。其经济快速发展的同时，也带来了很多环境问题，特别是城市大气污染问题。成渝区域人均烟粉尘年排放量如表 2.14 和图 2.29 所示；人均 SO$_2$ 年排放量如表 2.15 和图 2.30 所示。

由表 2.14 和图 2.29 可知，2006～2015 年重庆人均烟粉尘年排放量总体呈波动的趋势。2006～2011 年以 15.9%的平均速度逐年下降，2011 年为 0.0062 吨/人，比 2006 年下降 57.8%；2012～2014 年以 10.7%的平均速度缓慢增加；到 2015 年有所回落，比 2006 年下降 53.1%，比 2014 年下降 9.2%；四川人均烟粉尘年排放

表 2.14 2006～2015 年重庆和四川人均烟粉尘年排放量 （单位：吨/人）

地区	2006 年	2007 年	2008 年	2009 年	2010 年	2011 年	2012 年	2013 年	2014 年	2015 年
重庆	0.0147	0.0135	0.0119	0.0105	0.0101	0.0062	0.0062	0.0064	0.0076	0.0069
四川	0.0115	0.0080	0.0057	0.0049	0.0060	0.0048	0.0037	0.0037	0.0053	0.0050

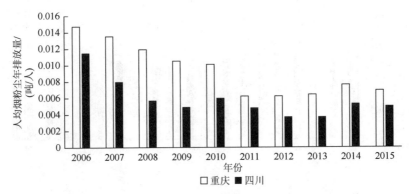

图 2.29　2006～2015 年重庆和四川人均烟粉尘年排放量

量总体是呈起伏变化趋势的，在 2012 年（2013 年与 2012 年相同）达到最小值，0.0037 吨/人，比 2006 年下降 67.8%，比 2015 年下降 26%。

　　由表 2.15 和图 2.30 可知，重庆的人均 SO_2 年排放量 2006～2015 年以 6.7% 的平均速度逐年下降。2015 年人均 SO_2 年排放量为 0.0164 吨/人，比 2006 年下降 46.4%，比 2014 年下降 6.8%。2006～2015 年，四川除 2010 年有短暂上升以外，人均 SO_2 年排放量总体趋势是以 6.3% 的平均速度逐年下降。2015 年为 0.0087 吨/人，比 2006 年下降 44.6%，比 2014 年下降 11.2%。

表 2.15　2006～2015 年重庆和四川人均 SO_2 年排放量　（单位：吨/人）

地区	2006 年	2007 年	2008 年	2009 年	2010 年	2011 年	2012 年	2013 年	2014 年	2015 年
重庆	0.0306	0.0293	0.0275	0.0261	0.0249	0.0201	0.0192	0.0184	0.0176	0.0164
四川	0.0157	0.0145	0.0141	0.0139	0.0141	0.0112	0.0107	0.0101	0.0098	0.0087

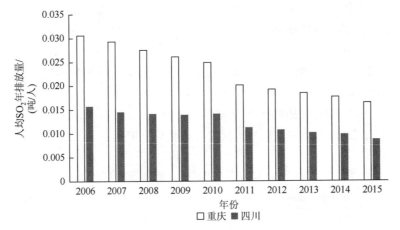

图 2.30　2006～2015 年重庆和四川人均 SO_2 年排放量

从上述分析可以看出，重庆的人均烟粉尘年排放量与人均 SO_2 年排放量均高于四川。重庆的强势产业有仪表仪器及机械制造、交通设备制造和机电制造，而四川的强势产业主要是食品饮料、计算机电子产品、住宿餐饮等。在经济发展的同时，由工业和交通运输带来的大气污染物排放量增加，因此重庆的大气污染物人均排放量要高于四川。

成渝经济区是中国重要的人口、城镇、产业集聚区，是引领西部地区加快发展、提升内陆开放水平、增强国家综合实力的重要支撑，在中国经济社会发展中具有重要的战略地位（李友平等，2012）。近年来，随着经济的快速发展，成渝一些地区的酸雨、细颗粒物和光化学烟雾等大气环境问题越来越突出，空气污染呈现出区域性、复合型、压缩型特征。成渝区域 $PM_{2.5}$ 年平均浓度如图 2.31 所示；臭氧年平均浓度如图 2.32 所示；CO 年平均浓度如图 2.33 所示；PM_{10} 年平均浓度情况如图 2.34 所示；NO_2 年平均浓度情况如图 2.35 所示。

由图 2.31 可知，重庆和四川的 $PM_{2.5}$ 年平均浓度分别以 9.8% 和 23.8% 的平均速度逐年下降。2015 年 $PM_{2.5}$ 年平均浓度分别为 0.057 毫克/米^3 和 0.047 毫克/米^3，比 2013 年下降 18.6% 和 42.0%，比 2014 年下降 12.3% 和 26.6%。

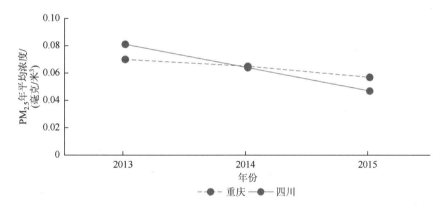

图 2.31 2013～2015 年重庆和四川 $PM_{2.5}$ 年平均浓度

由图 2.32 可知，重庆和四川的臭氧浓度 2013～2015 年分别以 11.5% 和 8.7% 的平均速度逐年下降。2015 年臭氧浓度分别为 0.127 毫克/米^3 和 0.131 毫克/米^3，比 2013 年下降 21.6% 和 16.6%，比 2014 年下降 13.0% 和 11.5%。

由图 2.33 可知，2013～2015 年重庆 CO 浓度呈先升后降的趋势。从 2013 年的 1.5 毫克/米^3 增加到 2014 年的 1.8 毫克/米^3；后在 2015 年回降到与 2013 年持平。四川 CO 浓度 2013～2015 年以 24.0% 的平均速度逐年下降。从 2013 年的 2.6 毫克/米^3 下降到 2015 年的 1.5 毫克/米^3，比 2013 年下降 42.3%。

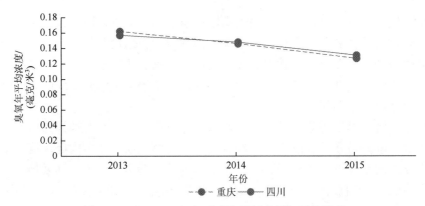

图 2.32　2013～2015 年重庆和四川臭氧年平均浓度

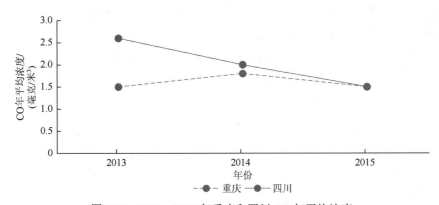

图 2.33　2013～2015 年重庆和四川 CO 年平均浓度

根据 GB 3095—2012（表 2.1 和表 2.2），到 2015 年年底，重庆和四川的 PM$_{2.5}$年平均浓度均未达到国家二级标准；臭氧与 CO 年平均浓度均达到国家二级标准。

由图 2.34 可知，2006～2015 年重庆 PM$_{10}$年平均浓度呈先缓慢下降再上升后下降的趋势。2006～2012 年以 3.4% 的平均速度缓慢下降，2012 年 PM$_{10}$年平均浓

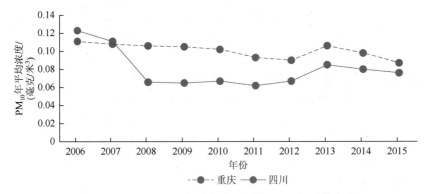

图 2.34　2006～2015 年重庆和四川的 PM$_{10}$年平均浓度

度为 0.09 毫克/米^3, 比 2006 年下降 18.9%; 在 2013 年出现反弹, 比上一年升高 17.8%; 后以 9.4% 的平均速度逐年下降, 2015 年为 0.087 毫克/米^3。四川 PM$_{10}$ 年平均浓度总体趋势是先下降再上升后下降。在 2008 年骤降到 0.066 毫克/米^3, 比 2006 年下降 46.3%; 除了在 2010 年有所上升之外, 2006~2011 年以 12.8% 的平均速度逐年下降; 在 2013 年增加到 0.085 毫克/米^3, 比 2011 年增加 37.1%; 后以 5.4% 的平均速度逐年缓慢下降, 在 2015 年达到 0.076 毫克/米^3。

由图 2.35 可知, 2006~2015 年重庆 NO$_2$ 年平均浓度总体趋势是先降后升的, 在 2011 年达到最小值, 0.032 毫克/米^3, 比 2006 年下降 31.9%; 2011~2015 年以 8.9% 的平均速度逐年增加, 到 2015 年达到 0.045 毫克/米^3。四川 NO$_2$ 年平均浓度总体趋势是先降后升再降的。在 2008 年骤降到 0.028 毫克/米^3, 比上一年降低 42.9%; 后开始以 5.2% 的平均速度缓慢上升; 从 2013 年又开始缓慢下降到 2015 年的 0.03 毫克/米^3, 2015 年比 2013 年下降 16.7%, 比 2006 年下降 38.8%。

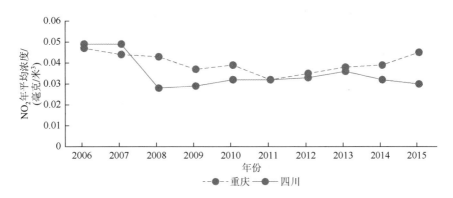

图 2.35   2006~2015 年重庆和四川的 NO$_2$ 年平均浓度

根据 GB 3095—2012 (表 2.1 和表 2.2), 到 2015 年年底, 重庆和四川的 PM$_{10}$ 年平均浓度未达到国家二级标准; 重庆的 NO$_2$ 年平均浓度未达到国家二级标准。

2.4 主要结果与讨论

通过以上对全国主要大气污染物以及五个重点区域主要大气污染物的数据分析, 得出以下结论。

1. 在国家层面上

中国的烟粉尘和 SO$_2$ 年排放总量得到明显改善, 2014 年比 2005 年分别减少 16.9% 和 22.6%。由表 2.1 和表 2.2 可知, 到 2015 年年底, 中国的 PM$_{2.5}$ 和 PM$_{10}$

年平均浓度未达标，CO、NO_2 和臭氧年平均浓度勉强达到国家二级标准。自"十二五"规划以来，全国大气污染状况总体来说是持续好转的，环保重点城市空气质量逐年提高，重点区域和重点城市的环境质量明显改善，但是个别大气污染指标仍超过国家空气质量二级标准，污染依然严重，与发达国家相比依然存在很大差距。

2. 在重点区域层面上

各个重点区域的人均烟粉尘年排放量和人均 SO_2 年排放量总体情况如下。

（1）京津冀区域。2014 年河北的人均烟粉尘年排放量是北京的 9 倍左右，是天津的 2.6 倍，人均年排放量明显比其他城市高出许多。北京的人均烟粉尘年排放量以 8.7% 的平均速度逐年下降；天津的人均烟粉尘年排放量 2014 年比 2005 年下降 12.4%，比 2013 年增加 55.9%；2014 河北的人均烟粉尘年排放量比 2005 年增加 15.2%。2006～2015 年天津和河北的人均 SO_2 年排放量明显高于北京。北京和天津的人均 SO_2 年排放量分别以 12.6% 和 7.2% 的平均速度逐年下降；河北的人均 SO_2 年排放量以 4.4% 的平均速度呈整体下降趋势。

（2）长三角区域。长三角区域的人均烟粉尘与 SO_2 年排放量呈下降趋势，大气环境质量得到了一定改善。2014 年上海、江苏和浙江的人均烟粉尘年排放量分别比 2013 年增加 70.6%、52.4% 和 19.0%，比 2005 年减少 18.3%、4.0% 和 31.0%。上海、江苏和浙江的人均 SO_2 年排放量 2006～2015 年分别以 14.1%、5.4% 和 6.2% 的平均速度呈下降趋势。

（3）珠三角区域。广州的人均烟粉尘年排放量与人均 SO_2 年排放量均高于深圳。广州人均烟粉尘年排放量和人均 SO_2 年排放量分别以 4.4%、11.1% 的平均速度下降；2014 年深圳人均烟粉尘年排放量比 2011 年增加 200%，比 2013 年增加 50%，深圳人均 SO_2 年排放量以 20.6% 的平均速度下降。

（4）长江中游区域。2011～2014 年江西的人均烟粉尘年排放量与人均 SO_2 年排放量要高于湖南、湖北。2005～2014 年湖南、湖北和江西的人均烟粉尘年排放量均呈先降后升的趋势，2014 年比 2005 年分别减少了 62.2%、22.3% 和 26.1%，比 2013 年增加了 37.0%、40.3% 和 29.1%；湖南、湖北和江西的人均 SO_2 年排放量分别以 4.8%、2.5% 和 2.0% 的平均速度下降。

（5）成渝区域。重庆的人均烟粉尘年排放量与人均 SO_2 年排放量均高于四川。2015 年重庆和四川的人均烟粉尘年排放量分别比 2006 年下降 53.1% 和 56.5%；人均 SO_2 年排放量分别以 6.7% 和 6.3% 的平均速度下降。

到 2015 年年底各个重点区域内主要城市的烟粉尘、SO_2 等大气污染物的总体趋势有所改善。但个别区域（如京津冀区域和长三角区域）的 $PM_{2.5}$、PM_{10} 以及 NO_2 的年平均浓度较高，未达到国家二级标准，超标情况严重，具体情况如表 2.16

所示。总体上看,京津冀区域和长三角区域的大气污染情况相对严重,珠三角区域的空气质量相对较好。

表 2.16　2015 年年底重点区域主要城市浓度指标达标情况

区域	主要省市	$PM_{2.5}$	PM_{10}	CO	NO_2	臭氧
京津冀区域	北京	×	×	○	×	×
	天津	×	×	○	×	○
	河北	×	×	○	×	○
长三角区域	上海	×	○	○	×	×
	江苏	×	×	○	○	×
	浙江	×	○	○	○	○
珠三角区域	广州	×	○	○	×	○
	深圳	○	○	○	○	○
成渝区域	重庆	×	×	○	×	○
	四川	×	×	○	○	○

注:其中×表示未达标,○表示达标。

第3章 国内外大气污染防治现状分析

3.1 国外大气污染防治经验

3.1.1 美国大气污染治理经验

20 世纪美国汽车工业、交通运输业的高速发展导致了非常严重的大气污染。震惊世界的八大环境空气污染事件中,有两起发生在美国,分别是 1940～1960 年的"洛杉矶光化学烟雾"事件和 1948 年的"多诺拉烟雾"事件。这两起事件造成了大量的人员伤亡和巨大的经济损失,使美国意识到治理大气污染已经刻不容缓(郑军等,2015)。

1. 制定、完善大气污染防治法律制度

为了有效治理大气污染,美国于 1955 年颁布了第一部大气污染防治法规《空气污染控制法》,该法规要求联邦政府组织相关研究人员对空气污染现象进行研究,并且要对各个州的空气污染控制进行援助。此后又陆续颁布了《清洁空气法》(1963 年)、《机动车空气污染控制法》(1965 年)、《空气质量法》(1967 年)、《国家环境政策法》(1969 年)。然而这几项法律的实施并没有取得较好的效果,主要原因是缺少有效的权责划分和管理体制,联邦政府与州政府之间在执行标准上存在差异,各级政府的权限也不清晰。在这种情况下,地方政府往往会采取消极态度,而联邦政府却难以有效干预(康爱彬等,2015)。为了能够有效解决这一问题,美国于 1970 年成立了美国环境保护署(Environmental Protection Agency,EPA),从而改变了过去多个政府部门管理的混乱局面,由美国环境保护署统一管理,并促进州与州之间、州与联邦政府之间的联合治理。之后美国联邦政府又根据《清洁空气法》在具体的执行过程中所遇到的问题,不断对其进行修订,至今已经形成了较为完备的大气污染防治法律体系。

美国的《清洁空气法》(1970 年)初次确定了环境空气的质量标准,每个州都要制定本州执行和维持该标准的具体行动计划,并且要向美国环境保护署上报,批准后作为法律来强制执行。这一方案明确了大气污染治理的目标,并通过立法的形式确保各个州会执行相关行动来达成这一标准。《清洁空气法》(1977 年)修订案将空气质量不能达到美国环境保护署规定标准的地区划分为"防止严重恶化地区"（prevention of significant deterioration，PSD），在这些地区实行防止恶化原则，其余各州计划中也必须包含有防止空气质量严重恶化的详尽方案。

1990 年，美国联邦政府再次对《清洁空气法》进行了修订，将全国划分为 247个空气质量控制区，明确各州政府对于本地区的空气质量负有主要责任，避免了各地区因责任问题产生矛盾，同时也提高了各地区大气污染治理的主动性。同时，此次修订也建立了国家大气排污许可证制度，并增加了相应的执法权，使得许可证制度成为有效管控固定源大气排污行为的核心制度（薛志钢等，2016）。此外，美国环境保护署还规定，在各地区只要有一种污染物的质量没有达到环境质量空气标准就被视为是不达标地区。

为了加强这些不达标地区对大气污染的控制，2005 年美国环境保护署颁布了《清洁空气州际法案》，要求东部 27 个州和哥伦比亚特区电力部门的二氧化硫排放量在 2003 年的基础上减少超过 70%，氮氧化物减少超过 60%，进而帮助美国东部实现 $PM_{2.5}$ 和臭氧排放达标。2015 年 8 月，奥巴马政府颁布了《清洁能源计划》，按照州际差异延长了减排期限，从而各州有更多的时间进行分析，与相关利益者协商，再制定减排计划，该计划还放宽了州与州之间排放配额贸易的阻碍，只需要交易双方具有兼容的弹性机制即可，这对煤炭、再生能源以及能源效率额度的市场交易都能够产生巨大的推动作用。

2. 加强大气移动污染源管控

为了使空气质量达到多目标的质量标准，美国还规定了不同污染物的排放标准并限制一些污染物的排放。同时，为了给环境污染者施加压力，美国将大气污染物分为常规污染物和有毒有害大气污染物，并实行分类管控，以促使相关企业积极发明和采用新技术减少污染物排放。此外，《清洁空气法》也将移动污染源主要分为三大类：第一类是可供驾驶的交通工具，如汽车、卡车、轿车和公交车等；第二类是飞行器，如飞机、直升机；第三类是带有发动机的非交通设备，如起重机和其他建筑施工设备，如拖拉机、除草机、机车运输设备等。这些移动大气污染源设备会产生大量的一氧化碳、氮氧化合物、二氧化硫和空气污染颗粒等有害污染物，对人的身体造成极大的伤害。因此，该法规针对这些移动污染源，制定了碳氢化合物、氮氧化合物、一氧化碳、悬浮颗粒物和甲醛的排放标准。美国作为一个汽车工业大国，大量汽车尾气的排放严重危害空气质量，因此，美国政府制定了一系列政策来处理汽车尾气的排放，如对新车和故障车采取强制性排污检测并鼓励车主使用低污染燃料（高明和黄婷婷，2014）。这一系列举措有效缓解了移动污染源排放引起的大气污染问题。

3. 重视市场机制的调节作用

"泡泡"政策是 1979 年美国环境保护署推行的一项新的环保政策,将一家工厂或一个地区的空气污染物总量比作一个"泡泡",根据规定条件使用空气污染治理资金调节污染物排放量,以实现对污染物排放总量的控制。在"泡泡"政策的基础上,为了进一步缓解经济发展与环境保护之间的矛盾,美国联邦政府又进一步推出了排污权交易政策。排污权交易就是运用市场机制,允许污染物排放权利像商品一样被买入或卖出。当一个企业因为超额减排而有剩余排污权时,它就可以将剩余排污权出售从而获得经济回报,而排污权不足的企业不得不花费大量资金来购买这种权利。通过这种政策的实施,将一种政府强制行为顺利转变成一种市场行为,有效地控制了污染物排放的总量(蔡岚,2016)。

4. 经验借鉴

通过这些政策的制定,美国大气污染问题得到了极大的改善,全国大多数地区达到空气质量优良的标准,这对于我国治理大气污染具有很好的借鉴意义。首先,美国对大气污染的治理非常注重法律和政策手段,各项法案制定比较完善,有了国家强制力的保证,大大降低了各地方政府在实行过程中的阻力。由联邦政府进行宏观指导,各地方政府具体实施,可以最大限度地发挥作用,从而达到缓解大气污染的目标。其次,在大气移动污染源管控方面,美国联邦政府要求汽车制造商减少汽车尾气中排放的碳氢化合物和氮氧化物,并严格控制排放标准。积极推行网格化管理,依托统一的城市管理以及数字化平台将城市管理辖区按标准划分为单元风格。大气污染治理工作在合理利用网格化管理的情况下能够有效监管各类大气污染排放源,从而及时发现并治理各种污染问题。最后,利用市场机制治理大气污染问题,有效消除了由于各个州过于注重经济的发展,而在执行相关政策时的犹豫和迟疑。采取行政与经济手段相结合的方式既有强制效力,又有市场调节作用,还极大地降低了污染控制的费用,提高了各地区对大气污染的治理效率(张晓萌和王连生,2010)。

3.1.2　英国大气污染治理经验

英国工业发展历史久远,作为最早进入工业化的国家,也最早受到工业化和城市化的负面影响。18 世纪以来,英国的一些工业城市就已经出现严重的煤烟污染,城市环境异常恶劣。1952 年 12 月发生的"伦敦烟雾"事件,使伦敦连续五日被黑烟笼罩,据英国官方统计,丧生者达 4000 多人,成为世界煤烟型空气污染的最典型案例。英国人开始反思空气污染造成的苦果,英国政府也开始致力于改善大气环境。

1. 制定、完善大气污染防治法律体系

英国大气环境呈现显著的煤烟型污染，主要来自各类工厂和家庭用煤。早在13世纪，伦敦就应对大气状况发布过禁止使用煤炭的命令。19世纪，英国正式把大气污染作为国家的重要问题提了出来，消烟除尘的政策方向受到群众的拥护。1843年，议会讨论通过了控制蒸汽机和炉灶排放烟尘的法案。1863年、1874年英国国会相继通过第一个、第二个《碱业法》。《碱业法》得到了广泛的应用，并逐步扩大了控制对象。在此基础上，1906年英国颁布《制碱法》，该法规制定了散发有毒气体行业的清单，以便控制化学工业制造工艺排放的有毒有害气体。

随着以汽车工业为代表的现代工业的发展，英国在20世纪大气污染状况愈加严重。为此，英国进一步加强了对于大气污染治理的立法建设。1926年英国颁布了《公共卫生（烟害防治）法》，其被看作是一部控制现代公害立法的代表性法律。紧接着1930年英国又颁布了《道路交通法》，该法规对道路运输车辆排放废气提出了具体要求。为了更好地对大气污染进行控制，1946~1956年，大概有50个地方公共团体被赋予指定无烟区和限制使用燃料的权利（梅雪芹，2001）。

1952年伦敦烟雾事件引起了全世界的关注。伦敦烟雾事件成为英国新环境立法的转折点，直接促成了1956年《大气清洁法》的出台。《大气清洁法》与《制碱法》的控制对象不同，《大气清洁法》的控制对象范围更加广泛，对煤烟等的排放也作了详细具体的规定，包括居住或非居住房屋、商店、汽车、汽艇等排放的黑烟和煤烟等。该法规划定了"烟尘控制区"，区域内的城镇只允许燃烧无烟燃料；同时大规模改造城市居民的传统炉灶，推广使用无烟煤、电和天然气，减少烟尘污染和二氧化硫排放；发电厂和重工业设施被迁至郊外；等等。加上环保技术的推广应用等，该法规对控制伦敦的大气污染和环境保护起到了重要作用，1965年之后伦敦再没出现过有毒烟雾事件。1974年，英国政府又颁布了《污染防治法》，该法规全面系统地规定了对空气、土地、河流、湖泊、海洋等方面的保护和对噪声的控制。

为了进一步加强对大气污染的治理，2007年英国在《环境空气质量战略》中明确要求在2020年之前要将$PM_{2.5}$控制在每立方米0.025mg之内。2012年，新的空气质量指数评价体系在英国开始实行，该评价体系规定了二氧化氮、二氧化硫、颗粒物（$PM_{2.5}$、PM_{10}）、铅等十二项污染物的最大排放值（杜仓宇，2014）。经过一系列的立法，英国已经形成了治理大气污染较为完善的法律体系，对大气污染的治理起到了重要作用。

2. 加强汽车行业与交通管制

伦敦烟雾事件以后，随着汽车数量的持续增加，汽车尾气的排放成为大气污染的主要污染源。为了有效遏制汽车尾气污染，英国加强了对交通运输和汽车行业的管制。英国在 1930 年制定了《道路交通法》，该法规对车辆废气排放规定了具体要求，当车辆的废气排放含有该法规禁止的物质时，如烟粉尘、肉眼可见的煤烟、火花、油性物质等，可以禁止该车辆的使用。英国政府 1993 年修订完善了《空气清洁法案》，该法规中增加了对机动车尾气排放的规定，要求所有新车都必须加装净化装置以减少氮氧化物排放。2003 年伦敦市政府开始征收交通"拥堵费"，这一措施提高了私家车使用成本，达到了控制私家车数量的目的，减少了机动车对大气的污染。伦敦市政府还在 2010 年专门修订了《环境空气质量战略》，此次修订的重点是机动车污染控制，对交通工具的尾气排放做出了具体而严格的规定。

3. 重视市场机制的调节作用

英国不仅重视通过建立完善的法律体系来改善大气污染状况，还重视通过市场机制来达到提高控制空气质量的目的。1970 年以来，英国政府相继出台了环境税、排污权交易、税收优惠等政策，并取得了明显成效。税收政策作为经济干预的一个手段，对改善英国环境质量尤为重要（刘伟娜，2015）。此外，2001 年英国开始在国内实行排放权交易，实践证明这种政策效果明显，政府保证实施逐步转为市场机制运行，大大降低了政府的管理成本，提高了大气污染治理的效率，并且能够有效控制大气污染排放总量。同时，英国也在大力发展低碳经济，并提出在 2050 年建立低碳社会的目标。2008 年英国颁布《气候变化法案》，2009 年英国政府宣布将"碳预算"纳入政府预算框架，公布了发展低碳经济的国家战略蓝图。低碳经济及相关产业将在未来发挥巨大作用，创造众多的就业岗位和产值（王大庆等，2010）。

4. 完善监控体系

一方面，英国对大气质量标准进行了严格的规定，保证基于标准值的污染物排放量不对人体健康产生任何不利的影响。英国大气环境质量标准主要是依据欧洲标准和世界卫生组织关于大气质量的有关标准，由英国大气质量标准专家委员会进行制定的。另一方面，英国建立了较完善的检测和监督体系，以便能够及时发现并治理各种污染源。据统计，英国目前已经拥有超过 1600 个大气质量监测站，包括自动监测站和半自动监测站，其中有 120 个站点自动向公众提供每小时的监测数据，从而协助政府随时监控大气质量（李浩等，2005）。

5. 经验借鉴

英国治理大气污染方面的经验措施，无论是在法律体系、汽车行业与交通管制、市场机制，还是在完善监控体系等方面均给中国带来诸多启发。首先，英国根据经济与工业发展进程，在不同时期、对不同污染物发布针对性的法律文件，有效遏制了大气环境的进一步恶化，并且成果显著。其次，在汽车工业时代，主要污染物来自于汽车尾气，英国政府随即发布相应针对性的政策法规，大气污染情况得到好转。然后，英国政府利用市场机制对政策约束进行补充，以调整税收、排污权交易等政策引导企业减少排污，并参与污染治理，不仅有效降低了政府减排成本，而且营造了一个社会各方积极进行环境保护的良好氛围。最后，在大气污染监测方面，成立了污染检查团，实行统一的空气质量指标体系，利用不断完善的监控体系全覆盖地实时监管大气污染状况，以高效率地开展大气污染防治工作。

3.1.3　日本大气污染治理经验

20 世纪中期，石油冶炼和工业燃油产生了大量的污染物，导致日本四日市大气污染日益严重，哮喘病患者数量大增，十几人因此死亡。"四日市哮喘"事件成为世界大气污染的一起著名公害事件，引起了日本政府的高度重视，其相继采取了一系列措施来改善空气质量。

1. 制定、完善大气污染防治法律体系

日本政府为了有效整治大气污染，开始不断完善相关法律体系。1962 年，日本颁布《煤烟控制法》，该法规规定了指定区域内二氧化硫的浓度标准，有效遏制了二氧化硫污染。1968 年，日本制定了《大气污染防治法》，进一步扩大指定区域的范围，通过 K 值控制模式使二氧化硫从浓度控制转向排放量控制，并在特定地区执行特别排放标准。

1970 年日本对《大气污染防治法》进行修订，该法规对全国所有地区的二氧化硫排放标准进行了界定，要求对超标排放的主体进行从重罚款。1974 年又修订了《大气污染防治法》，此次修订在总量方面对二氧化硫排放进行控制。通过一系列的举措，日本在 1979 年前后基本解决了二氧化硫严重污染问题。

随着经济的发展，大气污染源的主体也在不断发生变化。1981 年，日本将氮氧化物作为总量控制的重点控制对象。1990 年再次修订了《大气污染防治法》，该法规扩充了环境影响评价和大气污染物排放总量控制的内容。此外，为了进一步加强对大气污染的防治，日本政府还先后颁布了《煤气事业法》（1954 年）、《道路交通法》（1960 年）、《电气事业法》（1964 年）、《城市规划法》（1968 年）、《公害受害者救济特别措置法》（1969 年）、《公害健康损害补偿法》（1973 年）、《环境基本法》（1993 年）及《关于机动车排放氮氧化物以及颗粒物质的特定地域总量削减等特别措置法》（2001 年）等法律文件。逐渐完善的大气污染防治法律体系，为日本防治大气污染提供了法律依据和基础。

2. 倡导多渠道共同参与大气污染治理

日本政府强制推行工业和能源领域的污染治理,促进产业结构调整和循环经济模式的发展,并积极鼓励多渠道共同参与大气污染的治理。从 1960 年起,日本政府开始倡导循环经济,鼓励企业采用先进的环保技术,并且共同构建废弃物相互循环利用的经济体系。环保部门负责监测大气环境质量,对检测到的各种大气污染物质数据进行汇总分析,通过网站进行 24 小时数据发布。财税部门运用多种形式保障大气污染防治的资金来源,包括环保税收、环境基金、排污收费等财政政策,并以低息和补贴的方式扶持中小企业落实对大气污染的治理。此外,日本还建立了独具特色的受害人补偿制度,《救济公害健康受害者的特别措施法》(1969 年)中明确规定了由政府出资和污染企业按比例负担相关费用的方式,对受到大气污染物质伤害的患者提供医疗补助费。另外,日本还在 1973 年制定的《公害健康损害补偿法》中进一步明确了污染企业要对受到大气污染损害的患者进行补偿。

同时,日本积极开发轻油低硫磺化和柴油汽车低公害化的新型技术。2000 年以后,日本大力投资发展氢燃料电池公共汽车,2002 年东京在临海副中心首先建设了氢燃料供应站,2003 年东京都政府在部分都营公交线路上试运营氢燃料电池汽车,并制定了《低油耗汽车利用章程》。此外,日本还重视城市绿地建设和管理,在《城市规划法》《城市绿地保护法》的基础上制定实施了 5 个城市绿地保护五年计划,建立了详细的城市绿化标准。东京都政府还出台了补助金等一系列政策,鼓励和支持屋顶绿化,如《绿色东京规划(2001~2015)》提出到 2015 年东京屋顶绿化面积要达到 1200 公顷。大量的绿色植物对空气中污染物的吸收起到了显著的作用。

3. 鼓励公众参与大气环境治理

公众积极参与大气污染的治理也是日本大气污染防治的一项重要内容。大气污染直接危害公众生命健康和生活质量,而治理大气环境,公众的力量不容忽视。为了保证公众意见和意志可以反映到对大气污染的防治对策和监督管理中,日本的《大气污染防治法》规定,居民有权要求环境保护部门对污染源进行调查并公布调查结果。日本民间污染控制投资额从 1960 年后开始激增,1966~1971 年,污染控制投资额年增长率维持在 34%~69%。另外,公民诉讼也推动了大气污染治理的进程,民众向地方政府就公害相关的投诉事件不断增多,如在日本东京大气污染诉讼中,受害者可以获得损害赔偿费(陶建国,2008)。

4. 经验借鉴

在应对大气污染问题时,日本不断结合自身经济发展特点和大气污染情况颁布、修改法律法规和多项政策,使国家经济发展与大气污染治理同步进行,积累了许多成功经验,对我国治理大气污染具有一定的借鉴意义和启示作用(许春丽和李保新,2001)。首先,日本通过制定完善的大气污染防治体系,明确了各级政府对于大气污染治理的权责,并根据社会和经济发展的变化,不断修订大气污染物的种类和排放标准,取得了较好的治理效果。其次,通过鼓励多渠道来参与大气污染的治理,为保护环境提供了很多新的思路,有利于充分发挥各方能力,推动大气污染治理工作不断前进。最后,日本政府借助公众的力量,鼓励民众积极参与大气污染的监督和治理工作,一定程度上减少了政府部门的工作量,提高了大气污染治理工作的质量和效率。

3.1.4　韩国大气污染治理经验

韩国在 20 世纪六七十年代经济快速发展的同时,也面临着严重的大气污染问题。为了改善大气环境状况,韩国政府出台了多项政策和相关法律法规,经过多年的努力,大气环境治理成果显著,韩国的大气环境明显改善(陈妍,2014)。因此,分析总结韩国的大气污染治理经验对我国区域大气污染治理也具有一定的借鉴意义。

1. 制定、完善大气污染防治法律体系

为了保证各项大气污染治理的要求能够得到落实,韩国逐步构建了完善的法律体系。20 世纪 60 年代,工业发展引发的污染问题引起政府的高度重视,韩国由此颁布了《公害防治法》,该法规为环境保护打下了基础。1971 年,韩国政府对《公害防治法》进行了大幅修改,出台了排污标准制度和排污许可制度,进一步规范了大气污染源排放。1977 年,韩国颁布《环境保护法》,该法规采用了环境影响评价、环境标准和污染物总量控制等制度。同年,韩国政府还颁布了《海洋污染防治法》。为了进一步扩大对大气污染源的控制范围,1990 年韩国颁布了《大气环境保护法》,该法规将可导致大气污染的气体性物质或颗粒状物质定为大气污染物质。2003 年韩国制定了《关于首都圈大气环境改善的特别法》,该法规计划将首都区域的大气环境改善至发达国家水平。各项法律法规的实施,大大改善了韩国的环境状况。

2. 加强机动车与交通管理

韩国从多个角度、多个方面对机动车污染物排放进行了强制管理。首先,提高机动车尾气排放标准。韩国从 2006 年开始规定汽油轿车必须满足美国的超低排放标准,并且从 2012 年 7 月起韩国就开始部分使用极超低排放标准,该标准与美国的超低排放汽车(ultra-low emission vehicle,ULEV)标准相比降低了 82%的排

放量（朴英爱和张帆，2015）。其次，加强机动车的排气认定试验和检查。在一定时期内，对出售的机动车实施"缺陷确认检查"，通过这种方法来检验减排装置是否有效。然后，韩国还注重普及环境友好型机动车。天然气大巴代替柴油公交车是韩国最早普及的环境友好型机动车项目。2004年韩国开始普及混合动力车，2011年开始示范性地普及电动汽车、氢燃料汽车等。扩大电动汽车、氢燃料汽车等环境友好型机动车的公用范围，可以提高地铁、公交车等大众交通的便利性，推进机动车共享事业的发展。最后，韩国还积极对老旧机动车的排放物进行管理。政府对老旧机动车采取安装减排装置和推进液化石油气发动机改造，或者提前报废等措施来达到减少污染物排放的目的。

3. 经验借鉴

韩国环境保护和大多数国家一样，都经历了"先污染后治理"的过程。经过几十年对大气环境的治理，韩国整体大气环境状况得到了很大改善，其大气环境治理的经验对于我国大气污染的治理具有重要的借鉴意义。在大气污染治理法律体系建设上面，韩国不断完善法律制度来加强自身的环境保护体系，并且在发展的不同阶段适时地完善相关内容，使得环保意识深入人心。此外，法律体系的构建保证了各方都必须遵守相关规定，从而减少了大气污染治理中的阻力，提高了环境保护工作的质量和效率。在机动车与交通管理方面，提高尾气排放标准、推广环境友好型车辆和加强对老旧机动车管理等多项措施有力地对机动车污染状况进行了管理。

3.2　我国大气污染防治政策分析

3.2.1　政策现状

大气污染问题是伴随经济社会的发展长期累积形成的。改革开放以来，我国城市化建设得到快速的发展，城市化率由1978年的17.9%增长到2015年的56.1%。然而，城市承担了严重的生活、生产和交通压力，空气质量受到了不同程度的影响。大气污染对人们的生活、生产活动和健康也造成了严重的危害。为对大气污染进行治理和控制，我国正在付出长期的努力。1987年我国为保护和改善大气环境，防治大气污染，保障公众健康，推进生态文明建设，促进经济社会可持续发展，颁布了《中华人民共和国大气污染防治法》，并先后进行了四次修订。2014年颁布了《中华人民共和国环境保护法》，该法规强调促进清洁生产和资源循环利用，并且实行重点污染物排放总量控制制度。国务院2013年发布《大气污染防治行动计划》作为本阶段大气污染治理的行动指南。该计划提出了十条防治措施，明确了地方政府责任,大幅加大了处罚力度,强化了煤、车等污染控制,加强了区域协作、重污染天气应对工作。

　　在国家宏观方针政策的指导下,各地方政府也根据各地区具体情况,制定、发布了大气污染治理和控制的政策和行动计划。本节在收集和整理全国及主要省份大气污染防治政策的基础上,对这些政策的整体思路方向和主要防治措施进行了归纳,如图 3.1 所示。大气污染治理的主要措施包括专项治理、建立与完善责任与监督机制、联合治理、科学技术研究、完善减排机制以及目标管理等方面;涉及领域广泛,有工业、农业、能源、生活、建设、交通多个方面。专项治理,主要包括扬尘治理、重污染天气紧急治理、挥发性有机物控制、恶臭污染物治理、秸秆焚烧控制等;联合治理涉及了工业园区联合治理、不同地区之间的联合治理、科学研究与应用推广之间联合推进等;目标管理中,整个政策体系从总量控制、重点区域控制和重点污染物控制三个方面设定了目标。

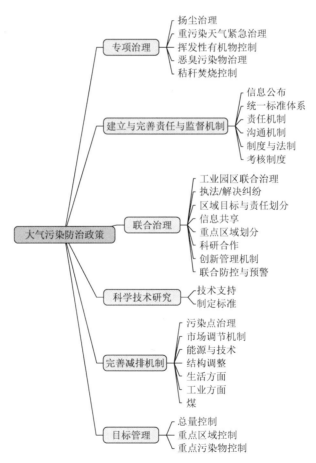

图 3.1　大气污染治理的整体思路方向和主要防治措施

进一步，表 3.1 中列举了全国及其重点区域（京津冀、长三角、珠三角、长江中游区域和成渝区域）出台的大气污染防治政策。表 3.2 从节能减排、结构调整、重点污染物控制、交通管制、强化监督机制、扬尘与燃煤等方面对大气污染防治措施进行了方向性梳理。

表 3.1　重点防治区域出台大气污染防治政策列举

地区	大气污染防治政策
全国	《中华人民共和国大气污染防治法》 《生态环境监测网络建设方案》 《中华人民共和国环境保护法》 《重点地区煤炭消费减量替代管理暂行办法》
北京市	《北京市空气重污染应急预案》 《北京市大气污染防治条例》 《北京市 2013—2017 年清洁空气行动计划》
天津市	《天津市大气污染防治条例》
河北省	《河北省大气污染防治条例》
广东省	《广东省大气污染防治行动方案》 《广东省大气污染防治 2015 年度实施方案》
上海市	《上海市清洁空气行动计划（2013—2017）》 《上海市大气污染防治条例》
江苏省	《江苏省大气污染防治条例》 《江苏省大气颗粒物污染防治管理办法》
浙江省	《浙江省大气污染防治条例》
湖北省	《湖北省大气污染防治条例》 《湖北省"十三五"控制温室气体排放工作实施方案》 《湖北省控制污染物排放许可制实施方案》 《湖北省环境空气质量预警和重污染天气应急管理办法》
湖南省	《湖南省大气污染防治专项行动方案（2016—2017 年）》 《湖南省大气污染防治条例》
江西省	《江西省大气污染防治条例》 《江西省机动车排气污染防治条例》
重庆市	《重庆市主城"蓝天行动"实施方案》 《2015 年大气污染防治重点工作目标任务分解》 《2016 年大气污染防治重点工作目标任务分解》
四川省	《关于扎实推进 2013 年主要污染物总量减排工作的通知》 《四川省大气污染防治行动计划实施细则 2015 年度实施计划》

表 3.2　大气污染防治措施方向性梳理

政策方向	具体内容
节能减排	1. 严格减排目标管理、完善减排工作机制 2. 主要大气污染物排放总量控制区划定的标准 3. 工业源治理，加快脱硫脱硝工程建设，确保污染物达标排放 4. 加强机动车污染减排 5. 控制煤炭消费总量，推动能源利用清洁化；并且促进清洁生产和资源循环利用 6. 加强重点减排设施运行督查
结构调整	1. 产业结构调整，重点控制区严格限制火电、钢铁、水泥等行业的高污染项目 2. 严格节能环保准入，优化产业空间布局以及区域经济布局 3. 加快发展大气环保企业，淘汰压缩污染产能 4. 调整能源结构，增加清洁能源供应，推进清洁能源利用 5. 重点工程项目与投资效益评估加入环境因素。淘汰效率低、煤耗高、污染重的项目 6. 加快企业技术改造，提高科技创新能力 7. 发挥市场机制作用，完善环境经济政策 8. 创新区域管理机制，提升联防联控管理能力
重点污染物控制	1. 多污染物协同控制。制定有机物、废气、粉尘和恶臭污染防治的相关政策 2. 规定相关项目有涉及大气污染物排放的必须申报 3. 控制扬尘和有毒气体排放 4. 控制餐饮业油烟扰民污染 5. 控制氨污染 6. 控制臭氧污染 7. 削减挥发性有机物挥发 8. 加快脱硝脱硫工程
交通管制	1. 控制机动车排气污染，加强机动车环保管理，加快淘汰黄标车，大力推广新能源汽车 2. 统筹加强城市交通管理，控制城市机动车保有量，防治机动车污染 3. 提升机动车燃油品质，推广清洁能源 4. 发展绿色交通，减少移动机械设备污染排放 5. 确立机动车、船舶排放废气的污染标准
强化监督机制	1. 强化减排监督检查，完善中控系统和 DCS 系统建设，加强重点减排设施运行督查 2. 加强组织领导，强化监督考核、全面设点，完善生态环境监测网络 3. 强化部门联动，落实预警调控，建立重污染天气监测预警体系，及时采取应急措施妥善应对重污染天气 4. 实行大气污染防治网格化精细管理和大气环境质量目标责任制及考核评价制度 5. 公布重点排污单位，强制实施在线自动监测 6. 严格惩罚制度，加大环保执法力度，追究涉嫌排放大气污染物单位、个人、企业的法律责任；提高罚款的数额标准，并增加按日连续处罚 7. 增强大气污染监管能力。包括建立健全大气污染防治工作机制，健全法规标准体系，完善环境管理政策，提升环境监管能力，推动公众参与
扬尘与燃煤	1. 确立扬尘污染防治相关政策，控制城市扬尘污染 2. 工程建设单位应当承担施工扬尘的污染防治责任，将扬尘污染防治费用列入工程概算 3. 积极推行道路机械化清扫保洁和清洗作业方式 4. 推进煤炭清洁高效利用改造项目，推进"煤改气""煤改电"项目 5. 加快脱硫脱硝工程建设 6. 加快推进集中供热，优先利用背压热电联产机组替代分散燃煤锅炉 7. 因地制宜，利用新能源和可再生能源替代煤炭消费 8. 加强散煤治理，逐步削减分散用煤或用优质燃煤替代劣质燃煤

3.2.2　重点区域大气污染联合防治政策及实施效果

随着城市规模的不断扩张，区域内城市经济协同发展；受大气环流及大气化学的双重作用，城市间大气污染相互影响也较为显著，酸雨、灰霾和光化学烟雾等区域性大气污染问题日益突出。另外，近几年我国公民重点关注的雾霾问题所涉及的 $PM_{2.5}$，不仅来自燃煤、机动车、扬尘、生物质燃烧等直接排放的一次细颗粒物，还来源于区域空气中二氧化硫、氮氧化物、挥发性有机物、氨等气态污染物在大气中经过复杂化学反应形成的二次细颗粒物。因此，大气污染治理不能仅仅通过传统的行政区划和属地治理，需要从区域性、复合型大气环境问题出发，实施多污染物协同控制政策，开展区域协同治理，统筹考虑、统一规划。

2010 年我国第一个针对大气污染联合防治的综合性政策文件《关于推进大气污染联防联控工作改善区域空气质量的指导意见》（简称《意见》）出台了，《意见》指出开展大气污染联防联控工作的重点区域是京津冀、长三角和珠三角地区，在辽宁中部、山东半岛、武汉及其周边、长株潭、成渝、台湾海峡西岸等区域，要积极推进大气污染联防联控工作；大气污染联防联控的重点污染物是二氧化硫、氮氧化物、颗粒物、挥发性有机物等，重点行业是火电、钢铁、有色、石化、水泥、化工等。《意见》中要求实行环境影响评价区域会商机制，制定区域二氧化硫总量减排目标，开展区域煤炭消费总量控制试点工作，完善区域空气质量监管体系，加强区域环境执法监管。2012 年环境保护部、国家发展和改革委员会及财政部发布了《重点区域大气污染防治"十二五"规划》（简称《规划》），要求在重点区域继续推进大气污染联防联控工作，统筹区域环境资源，优化产业结构与布局，创新区域管理机制，控制煤炭消费量。

京津冀区域是联合防控的重点区域之一。2013 年发布的《京津冀及周边地区落实大气污染防治行动计划实施细则》，提出了五年目标：经过五年努力，京津冀及周边地区空气质量明显好转，重污染天气较大幅度减少。力争再用五年或更长时间，逐步消除重污染天气，空气质量全面改善。该细则拟定实施全面淘汰燃煤小锅炉、加快重点行业污染治理、深化面源污染治理、加强城市交通管理、控制城市机动车保有量、提升燃油品质、加快淘汰黄标车、加强机动车环保管理、大力推广新能源汽车等九大重点任务。此外，京津冀及周边地区联合建立大气污染检测机制，组织编制大气污染应急预案，建立健全区域、省、市联动的应急响应体系，实行联防联控。

随着《京津冀及周边地区落实大气污染防治行动计划实施细则》的实施推进，据环境保护部 2016 年年初发布的信息，京津冀及周边地区 2015 年大气污染防治取得了阶段性的成效，$PM_{2.5}$ 年平均浓度较 2014 年下降 10.4%；PM_{10} 平均浓度较

2014 年下降 16.5%；SO_2 平均浓度较 2014 年下降 26.9%；NO_2 平均浓度较 2014
年下降 6.1%。

　　长三角区域由"三省一市八部"共同成立了大气污染防治协作小组，2014 年
发布了《长三角区域落实大气污染防治行动计划实施细则》（简称《实施细则》），
2015 年年初长三角区域污染防治协作机制正式启动。《实施细则》突出协同联动、
协商统筹、责任共担、信息共享、联防联控的原则，在长三角协作大气防治区域
内建立大气污染源监控、空气质量检测、气象信息共享机制和信息化应用的共享
平台，建立长三角区域大气污染预警体系、项目环境评价会商机制，逐步提升环
保标准和技术规范，完善落实激励政策和排污费杠杆，推动挥发性有机物污染治
理。同时，对机动车排放污染为重点的联合执法机制，实施长三角区域重污染天
气联动应急预案。此外，支持长三角的专家、技术团队进行科研协作，共同开展
大气污染溯源、政策、标准制定，以及区域大气污染防治效果评估等工作。

　　2015 年长三角地区 25 个地级以上城市达标天数评价为 72.1%，较 2014 年上
升 2.6 个百分点，较 2013 年上升 7.9 个百分点；$PM_{2.5}$ 平均浓度较 2014 年下降 11.7%；
PM_{10} 平均浓度较 2014 年下降 9.8%。SO_2 平均浓度较 2014 年下降 16.0%；NO_2 平
均浓度较 2014 年下降 5.1%。

　　2009 年广东省人民政府发布《广东省珠江三角洲大气污染防治办法》，省人
民政府建立区域大气污染防治联防联控监督协作机制，协调解决跨地市行政区域
大气污染纠纷；协调各地、各部门建立区域统一的环境保护政策。珠三角地区于 2014
年建立大气污染联防联控技术示范区，组建了覆盖区域的大气环境质量监测预警网
络，形成了区域大气质量管理体系等运行机制。示范区对珠三角区域大气环境质量
变化做出监测预报及快速反应，为开展珠三角大气污染联防联控工作提供支撑。

　　2015 年，珠三角地区 9 个地级以上城市达标天数比例在 84.6%～97.5%，比
2014 年上升 7.6 个百分点。$PM_{2.5}$ 平均浓度较 2014 年下降 19.0%；PM_{10} 平均浓度
较 2014 年下降 9.8%。SO_2 平均浓度较 2014 年下降 16.0%；NO_2 平均浓度较 2014
年下降 5.1%。

　　在成渝地区，重庆市环境保护局和成都市环境保护局于 2013 年签署了战略合
作协议，加强了大气污染联防联控，共同推进国家规定的六大行业及燃煤锅炉方
面的污染治理，严格执行成渝城市群大气污染物特别排放限值。2015 年，四川省
人民政府和重庆市人民政府联合签署《关于加强两省市合作共筑成渝城市群工作
备忘录》，要求两地要联防联控，打破行政界限治理雾霾，建立成渝城市群大气污
染预警应急及联防联控工作机制、空气重污染天气应急联动机制，并借助国家环
保专网，共同推动成渝城市群大气环境预报预警等区域信息网络体系建设。

第4章 区域大气污染协同治理关系的影响因素分析

目前，我国区域大气污染的协同治理还没有进入常态化阶段，长效机制还未完全确立，2008 年北京奥运会和 2010 年上海世博会等时期形成的区域大气污染联防联控只是协同治理的基本雏形，并且这种模式主要是在特殊时期由上级政府自上而下推动形成的结果。因此，面对日益严重的环境污染问题，要形成稳定的、长效的区域大气污染协同治理机制，首先要厘清影响协同治理关系形成的关键因素，以关键影响因素为切入点，才能有的放矢地推动协同治理实践。由于区域大气污染协同治理关系形成过程的复杂性，需要以公共治理理论和战略联盟理论为基础，借鉴国内外相关研究成果，结合大气污染治理的实践特点，从治理主体信任程度、大气污染治理能力、预期收益、上级政府支持、企业支持和公众支持等多个方面，对影响区域大气污染协同治理关系的因素进行全面研究。

本章的内容安排如下：首先从治理主体协同程度和协同关系可持续性两个维度对协同治理关系的形成进行解释，并从治理主体信任程度、大气污染治理能力、预期收益、上级政府支持、企业支持、公众支持等多个方面提出区域大气污染协同治理关系的因素假设；然后对使用的研究方法、设计的问卷调查过程和变量测量工具进行了详细阐述；最后，通过相关性分析和结构方程模型研究对提出的因素假设进行了验证。

4.1 概 念 模 型

4.1.1 区域大气污染协同治理的概念界定

区域大气污染协同治理，是在互不管辖的行政区划之间，地方政府通过协商、合作等方式，对区域大气污染治理问题达成共识，并运用各地区拥有的资源，打破行政区划的界限，对跨越两个以上行政区划的大气污染进行整体规划、统一协调、联防联动、相互监督等综合管理，从而实现区域大气质量整体改善，使各个地区共同受益（范思思，2014）。由于大气污染治理是由地方政府主导的，区域大气污染协同治理的主体也应该是同一区域内的各个地方政府，并在地方政府的推动下，企业和公众也共同参与其中。

协同是指各要素之间保持有序性与合作性的状态和趋势（颜佳华和吕炜，
2015）。参考包国宪等（2012）的研究，将区域大气污染协同治理划分为两个阶段，
即协同治理关系的"产生"和协同治理关系的"维系"。区域大气污染协同治理关
系的"产生"，主要是指各个地方政府面对日益严重的污染问题，通过大气污染治
理方面的资源共享、技术合作和经验交流等，实现协同关系的确立。而区域大气
污染协同治理关系的"维系"，主要是指在协同关系已经形成的基础上，通过长效
机制的建立，进一步维系和巩固，并有机会扩大协同治理的领域。

研究中以治理主体协同程度表征协同治理关系是否"产生"，以协同关系可持
续性表征协同治理关系是否可以"维系"。因此，治理主体协同程度侧重描述各个
地方政府之间现阶段的状态，并且协同关系的产生可能是主动的，也可能是被动
的；而协同关系可持续性侧重描述各个地方政府之间未来的状态，并且各个地方
政府应该是自愿、主动、积极维系这种协同关系。

4.1.2　影响因素及其理论假设

公共关系学认为，信任作为一种核心的凝聚力要素，既是合作的前提条件，
又是成功合作的产物（鄞益奋，2007）。而在博弈理论中，信任可以看作协同主体
在反复博弈后达到的均衡状态（郁建兴和张利萍，2013）。协同主体之间彼此信任，
可以有效削减合作过程中存在的不利因素，降低机会主义倾向，更容易促进协同
关系的形成，进而保障合作目标的实现（Cao et al.，2009）。信任的缺失会增加各
个主体的自利偏好，引发共地悲剧（李永亮，2015）。同时，党兴华等（2013）认
为，在日益复杂的社会环境中，治理主体间的信任程度已经成为一种取代直接监
控、层级力量之外的管理机制，是促进主体间得以长期相互合作的有效保障。因
此，提出下面假设：

H1a：治理主体信任程度对治理主体协同程度有显著影响。

H1b：治理主体信任程度对协同关系可持续性有显著影响。

在协同治理关系中，每个主体都应该具备足以支撑自己完成协同任务的能
力，并掌握一定的独特资源（陈霞和王彩波，2015）。"参与者的资源"是对治
理主体资质的要求，无法提供公众服务能力的组织不具备参与协同治理的主体
资格（王映雪，2015）。因为合作的基础是相互需要，各个主体在治理能力和资
源掌握方面的互补性和协调性，是促进协同治理关系形成的潜在条件（白天成，
2016）。同时，协同治理的冲突协调不再依赖于权力结构，而是各个主体依据自
身能力和资源获得新的权威，使各方的谈判能力回归到一个对等水平（姬兆亮
等，2013），保持相对平衡与多元动态的协同关系，充分发挥治理功能。因此，
提出下面假设：

H2a：大气污染治理能力对治理主体协同程度有显著影响。

H2b：大气污染治理能力对协同关系可持续性有显著影响。

只有当各个主体认为自己能够获得有益的结果时，才会参与到协同合作关系中（Khamseh and Jolly，2008），而这种有益的结果包括直接收益（如利润和质量的提升、成本的降低等）和间接收益（技术和知识的转移、人才的培养等）。协同行为的产生，与治理主体之间的利益同构性密切相关（郁建兴和张利萍，2013）。在协同关系中，每一个合作主体都可以有独特的机会获取伙伴的优势资源，通过资源的相互利用，既能够提升自身实力，又能够更有效地应对社会挑战（Galán-Muros and Plewa，2016；Etzkowitz and Leydesdorff，2000）。如果在大气污染协同治理过程中，各个地方政府能够获得足够满意的直接收益和间接收益，将会更积极主动地维护协同关系。因此，提出下面假设：

H3a：预期收益对治理主体协同程度有显著影响。

H3b：预期收益对协同关系可持续性有显著影响。

地方政府的行政权力主要来源于中央政府或者上级政府的授权，传统的考核与晋升方式导致地方政府往往只走"上级路线"，对平级之间的合作或者不感兴趣（李永亮，2015），或者选择消极参与的"理性行为"（庄贵阳等，2017）。因此，地方政府之间要形成协同治理关系，必须注重发挥上级政府的统筹协调作用（黄新华等，2015）。一方面，中央政府需要给予地方政府部分优先权，同时要为区域大气污染的治理提供资金支持；另一方面，中央政府需要加强在信息提供和污染治理中的指导作用，避免部分地方政府在治理过程中陷入"环境竞优"和"环境竞次"的极端效应（崔晶和孙伟，2014）。因此，提出下面假设：

H4a：上级政府支持对治理主体协同程度有显著影响。

H4b：上级政府支持对协同关系可持续性有显著影响。

由于企业主宰着污染密集型产业，拥有较大规模和实力的企业组织更有能力去破坏或者改善环境，如果企业重视环境保护和资源效率，不仅可以显著降低经营活动对环境造成的负面影响，而且有助于增强市场竞争力（Rugman and Verbeke，1998；李维安等，2017）。另外，企业也被纳入广义的府际关系中（薛立强等，2010）。企业对地方政府之间的合作提出了具体要求，同时又作为特定主体参与到合作中，从而为地方政府之间的合作奠定了深厚的基础，成为支撑地方政府间横向合作的重要力量（薛立强，2015）。因此，提出下面假设：

H5a：企业支持对治理主体协同程度有显著影响。

H5b：企业支持对协同关系可持续性有显著影响。

社会公众积极、有效、有序参与的政府治理是我国地方政府绩效提升的重要动力机制之一（包国宪等，2012）。公众对大气污染问题的迫切关注，能够推动地方政府投入更多的治理资源，并寻求更加有效的治理途径（金晶，2017）。具体到协同治理情景中，通过公众的舆论监督，对排污地区和排污企业等污染源头进行定位，以此界定污染责任，有利于完善区域大气污染联防联控保障机制（吕长明和李跃，2017）。但在传统行政管理体制下，公众参与府际合作非常有限，严重制约着地方政府合作的可持续性（陈咏梅，2016）。无论是大气污染治理本身，还是地方政府之间协同关系的形成和维系，公众的参与和支持都是其重要保障。因此，提出下面假设：

H6a：公众支持对治理主体协同程度有显著影响。

H6b：公众支持对协同关系可持续性有显著影响。

综合上述分析，区域大气污染协同治理关系影响因素的概念模型如图 4.1 所示。

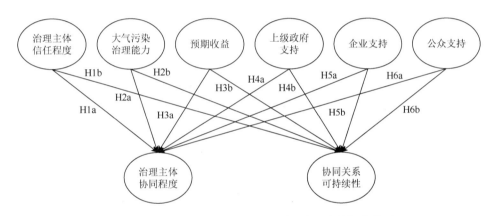

图 4.1　区域大气污染协同治理关系影响因素的概念模型

4.2　研究方法与研究设计

4.2.1　结构方程模型的构建

结构方程模型是应用线性方程系统表示观测变量与潜变量之间，以及潜变量之间关系的一种统计方法，是测度模型与结构模型的综合（林嵩，2008）。

简而言之，测量模型是采用观测变量来构建潜变量，潜变量和观测变量之间的关系构成了整个概念模型的内涵；而结构模型主要用于处理潜变量之间的线性关系，因为结构模型涉及潜变量，所以结构模型中同样对潜变量进行了测量。

采用矩阵方程式的形式来反映上述模型，可以表示为

$$x = \Lambda_x \xi + \sigma \tag{4.1}$$

$$y = \Lambda_y \eta + \varepsilon \tag{4.2}$$

$$\eta = B\eta + \Gamma\xi + \xi \tag{4.3}$$

式中，x 为外生观测变量 x 组成的向量；ξ 为外生潜变量 ξ 组成的向量；Λ_x 为外生观测变量 x 和外生潜变量 ξ 之间的关系，是外生观测变量在外生潜变量上的因子负荷矩阵；σ 为外生观测变量的残差项向量。y 为内生观测变量 y 组成的向量；η 为内生潜变量 η 组成的向量；Λ_y 为内生观测变量 y 和内生潜变量 η 之间的关系，是内生观测变量在内生潜变量上的因子负荷矩阵；ε 为内生观测变量的残差项向量。B 为内生潜变量 η 之间的结构系数矩阵，表示内生潜变量 η 之间的相互影响；Γ 为外生潜变量 ξ 对内生潜变量 η 的结构系数矩阵，表示外生潜变量 ξ 对内生潜变量 η 的影响；ξ 为结构方程的误差项向量。

结构方程模型是理论先验的研究方法，对于模型的假设需要与其相关的理论研究作为模型假设基础，使得各项指标与现实意义之间存在密切关系。因此，在4.1 节对区域大气污染协同治理关系影响因素进行理论假设的基础上，构建区域大气污染协同治理关系影响因素的路径，如图 4.2 所示。其中，长方形中的内容为观测变量，椭圆形中的内容为潜变量，箭头连接表示两个变量之间（假设）存在效应关系。

在本节构建的结构方程模型中，内生潜变量有 2 个，分别为治理主体协同程度（η_1）和协同关系可持续性（η_2）；对应的外生潜变量有 6 个，分别为治理主体信任程度（ξ_1）、大气污染治理能力（ξ_2）、预期收益（ξ_3）、上级政府支持（ξ_4）、企业支持（ξ_5）和公众支持（ξ_6）；外生观测变量共计 24 个（$x_1 \sim x_{24}$），内生观测变量共计 6 个（$y_1 \sim y_6$）。

4.2.2　样本与数据收集

为获取实证研究所需的有效数据，采用问卷调查的方式，以"我国重点区域大气污染协同治理模式研究"课题组的名义，依托课题组所在高校向成渝地区（包括成都和重庆两个城市）和珠三角地区（包括广州、深圳和珠海三个城市）的政府环保部门发出了公函，并在公函中对本次调查的主要目的以及是否会对相关机构正常运营产生影响等问题进行解释和说明，尤其强调调查的匿名性和学术性。在获得地区政府环保部门应允的情况下，课题组邀请环保部门有关人员以邮件的方式填写问卷并反馈数据。

问卷共回收 188 份，因部分问卷中存在漏选和选项不清晰的情况，共判定有效问卷 154 份，占总回收样本数的 81.91%。其中，从成都环保部门回收有效问卷 37 份，占有效样本数的 24.03%；从重庆环保部门回收有效问卷 35 份，占有效样本数的

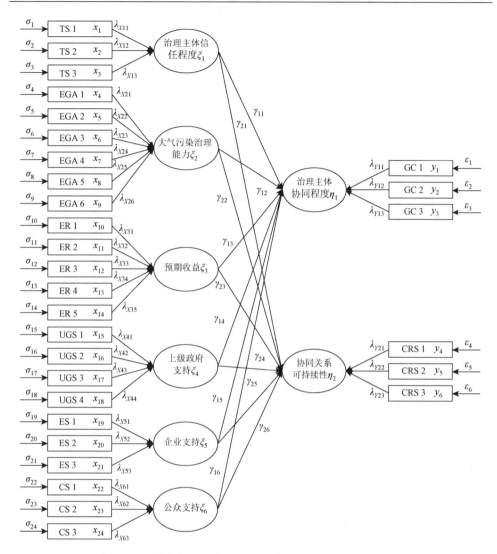

图 4.2　区域大气污染协同治理关系影响因素的路径示意图

22.73%；从广州环保部门回收有效问卷 30 份，占有效样本数的 19.48%；从深圳环保部门回收有效问卷 32 份，占有效样本数的 20.78%；从珠海环保部门回收有效问卷 20 份，占有效样本数的 12.99%。成渝地区共回收有效问卷 72 份，占有效样本数的 46.75%；珠三角地区共回收有效问卷 82 份，占有效样本数的 53.25%[①]。

　　问卷题项选用五分量表，每一陈述题项有"非常同意""同意""不清楚""不同意""非常不同意"五种回答选项，分别记为 5 分、4 分、3 分、2 分、1 分，每

---

① 因四舍五入各数之和不为 100%。

个被调查者的态度总分就是他对各道题的回答所得分数的加总，这一总分可说明他的态度强弱或他在这一量表上的不同状态。五分量表的题项是统一称述表达，选项固定，便于被调查者对问题及选项的理解，更加容易回答。通过此种量表获得的信息比较容易进行统计分析，并且可以避免主观偏见，减少人为误差。

4.2.3　变量的测量

本章共涉及治理主体信任程度、大气污染治理能力、预期收益、上级政府支持、企业支持和公众支持 6 个自变量，以及治理主体协同程度、协同关系可持续性 2 个因变量的测度，在梳理现有文献的基础上，筛选和设计了与本书有直接相关关系的变量测度量表，然后结合区域大气污染协同治理的具体实践内容和理论特征进行了改造。

治理主体信任程度，采用 McAllister（1995）编制的测量工具，共 3 个条目，分别为"我们对周边地区政府的大气污染治理实力和能力有很深的了解（TS1）""我们认为周边地区政府能够认真对待大气污染协同治理工作，并愿意为大气污染协同治理做出贡献（TS2）""我们可以信赖周边地区政府去完成大气污染协同治理中的主要工作部分（TS3）"。该测量工具在国内得到广泛使用，具有较高信度，在小样本预调研中的 Cronbach's α 值为 0.812。

大气污染治理能力，以胡晓瑾和解学梅（2010）的研究为基础，结合本章研究主题和实际内容，从污染管理能力、技术设备、创新能力、人才储备、财政预算和信息掌握等六个方面编制了测量工具，共 6 个条目，分别为"本地区对重污染天气有充分有效的应急措施（EGA1）""本地区在大气污染治理方面具有先进的监测和治理设备（EGA2）""本地区大气污染协同治理部门经常学习和借鉴其他地区大气污染治理的经验（EGA3）""本地区有足够的专业技术人员与管理人员参与大气污染防治工作（EGA4）""本地区对大气污染防治专项预算充足（EGA5）""本地区相关部门可以充分掌握大气污染物的实施状况与变化趋势（EGA6）"。为检验测量工具的有效性，在小样本预调研中对 6 个条目进行探索性因子分析，结果表明各条目都能聚合在同一因子下。然后，单独进行验证性因子分析，结果表明数据拟合较高（$\chi^2 = 9.584$, df $= 9$, $p > 0.05$; RMSEA $= 0.028$, CFI $= 0.997$, GFI $= 0.964$, RMR $= 0.040$）。最后，该量表在小样本预调研中的 Cronbach's α 值为 0.850。

预期收益，以李永亮（2015）、王喆和周凌一（2015）的研究为基础，结合本章研究主题和实际内容，从技术发展、大气改善、成本投入、人才优化和政绩提升等五个方面编制了测量工具，共 5 个条目，分别为"通过与周边地区政府协同合作，能够提高本地区与周边地区的减排、降污等技术水平（ER1）""通过与周边地区政府协同合作，本地区与周边地区的大气污染程度都能够得到很大程度的改善（ER2）""通过与周边地区政府协同合作，能够降低本地区和周边地区的大气污染治理成本（ER3）""通过与周边地区政府协同合作，能够统筹本地区和周边地区的人才资源（ER4）""通过与周边地区政府协同合作，能够提高本地区和周边地区相关政府部门的绩效考核满意度（ER5）"。为检验测量工具的有效性，在小样本预调研中对 5 个条目进行探索性因子分析，结果表明各条目都能聚合在同一因子下；然后，单独进行验证性因子分析，结果表明数据拟合较高（$\chi^2 = 7.676$，df = 5，$p > 0.05$；RMSEA = 0.074，CFI = 0.987，GFI = 0.968，RMR = 0.022）；最后，该量表在小样本预调研中的 Cronbach's α 值为 0.872。

上级政府支持，采用 Murray 等（2008）编制的测量工具，共 4 个条目，分别为"上级政府重视大气污染协同治理，下发了专门的通知和文件（UGS1）""上级政府把大气污染治理与地方官员晋升进行挂钩（UGS2）""上级政府安排了大气污染相关的专项治理资金（UGS3）""上级政府提供了专门的检测设备或检测培训（UGS4）"。该测量工具在国内得到广泛使用，具有较高信度，在小样本预调研中的 Cronbach's α 值为 0.819。

企业支持，采用 Gray 和 Deily（1996）编制的测量工具，共 3 个条目，分别为"本地区有大量专门从事治理污染的企业（ES1）""本地区企业能够积极参与污染治理项目的市场化公开招标（ES2）""本地区企业愿意投入力量参与大气污染物的减排（ES3）"。该测量工具在国内得到广泛使用，具有较高信度，在小样本预调研中的 Cronbach's α 值为 0.744。

公众支持，采用 Murray 等（2008）编制的测量工具，共 3 个条目，分别为"公众参与是推动大气污染得到有效治理的重要因素（CS1）""公众监督是推动大气污染得到有效治理的重要因素（CS2）""公众关注是推动大气污染得到有效治理的重要因素（CS3）"。该测量工具在国内得到广泛使用，具有较高信度，在小样本预调研中的 Cronbach's α 值为 0.793。

治理主体协同程度，采用 Persaud（2005）编制的测量工具，共 3 个条目，分别为"我们会与周边地区政府部门进行大气污染治理方面的资源互补与合作（GC1）""我们会与周边地区政府部门进行大气污染治理方面的技术合作（GC2）""我们会与周边地区政府部门进行非正式的大气污染知识、技术的交流（GC3）"。该测量工具在国内得到广泛使用，具有较高信度，在小样本预调研中的 Cronbach's α 值为 0.842。

协同关系可持续性，采用周建鹏（2013）编制的可持续性测量工具，共 3 个条目，分别为"我们与周边地区政府的合作积极性增加了（CRS1）""我们希望与周边地区政府的这种协同治理关系持续下去（CRS2）""我们与周边地区政府间协作治理的范围扩大了，有了更多的合作机会（CRS3）"。该测量工具具有较高信度，在小样本预调研中的 Cronbach's α 值为 0.847。

4.3　探索性因子分析

在多元统计分析处理中，变量个数太多，并且彼此之间存在着一定的相关性，使得所观测到的数据在一定程度上反映的信息有所重叠。而且当变量较多时，在高维空间中研究样本的分布规律比较复杂，势必增加分析问题的复杂程度。因此，在大多数研究中，希望利用较少的综合变量来代替原来较多的变量；而这几个综合变量又能够尽可能多地反映原来变量的信息，并且彼此之间互不相关。利用这种降维的思想，产生了主成分分析、因子分析、典型相关分析、偏最小二乘回归等统计方法（高惠璇，2005）。为了验证各个因子和各个观测变量（测试题项）之间的相关程度，本节在小样本预调研阶段，收集了 83 份有效问卷，运用 SPSS23.0进行探索性因子分析。

进行因子分析的前提条件是原有变量之间应该具有较强的相关关系。这种相关关系一般可以使用 KMO（Kaiser-Meyer-Olkin）和巴特利特球形度检验（Bartlett test of sphericity）。KMO 统计量的取值在 0～1，0.9 以上表示非常合适，0.8 以上表示合适，0.7 以上表示一般，0.6 以上表示不太合适，0.5 以下表示极不合适。利用 SPSS23.0 软件对 83 份预调研样本进行 KMO 和巴特利特球形度检验，得到的结果如表 4.1 所示。从表 4.1 可以看出，变量之间具有较高的相关性，适合进行因子分析。

表 4.1　样本数据的 KMO 和巴特利特球形度检验

KMO 取样适切性量数		0.787
巴特利特球形度检验	近似卡方	1358.064
	自由度	435
	显著性	0.000

因子分析是指研究从变量群中提取共性因子的统计技术，其核心思想就是以最少的信息丢失为前提，将众多的原有变量综合成较少的几个综合指标，即用较少的相互独立的因子反映原有变量的绝大部分信息。因子分析的数学模型为

$$\begin{cases} Z_1 = a_{11}F_1 + a_{12}F_2 + \cdots + a_{1p}F_p + \phi_1 \\ Z_2 = a_{21}F_1 + a_{22}F_2 + \cdots + a_{2p}F_p + \phi_2 \\ \qquad\qquad\vdots \\ Z_m = a_{m1}F_1 + a_{m2}F_2 + \cdots + a_{mp}F_p + \phi_m \end{cases} \tag{4.4}$$

式中，$Z_1, Z_2, \cdots, Z_m$ 为原始变量；$a_{ij}(i=1,2,\cdots,m; j=1,2,\cdots,p)$ 为因子载荷；

$F_1, F_2, \cdots, F_p$ 为公共因子；$\phi_1, \phi_2, \cdots, \phi_m$ 为特殊因子，表示原始变量与公共因子之间的残差值。采用因子分析方法提取公共因子后得到的总方差解释如表 4.2 所示。

表 4.2　总方差解释

成分	初始特征值			提取载荷平方和			旋转载荷平方和		
	总计	方差百分比	累积/%	总计	方差百分比	累积/%	总计	方差百分比	累积/%
1	8.832	29.440	29.440	8.832	29.440	29.440	3.449	11.496	11.496
2	3.101	10.338	39.777	3.101	10.338	39.777	3.200	10.666	22.163
3	2.430	8.100	47.878	2.430	8.100	47.878	2.871	9.568	31.731
4	2.018	6.726	54.603	2.018	6.726	54.603	2.804	9.345	41.076
5	1.637	5.455	60.059	1.637	5.455	60.059	2.607	8.689	49.765
6	1.312	4.374	64.433	1.312	4.374	64.433	2.290	7.633	57.398
7	1.238	4.128	68.561	1.238	4.128	68.561	2.187	7.289	64.686
8	1.013	3.376	71.937	1.013	3.376	71.937	2.175	7.250	71.937
9	0.769	2.563	74.500						
10	0.743	2.476	76.976						
11	0.725	2.415	79.391						
12	0.649	2.164	81.555						
13	0.604	2.012	83.567						
14	0.509	1.698	85.264						
15	0.467	1.555	86.820						
16	0.453	1.508	88.328						
17	0.431	1.435	89.764						
18	0.412	1.375	91.138						
19	0.367	1.223	92.362						
20	0.348	1.159	93.520						
21	0.334	1.112	94.632						
22	0.296	0.987	95.619						
23	0.237	0.789	96.408						
24	0.221	0.738	97.146						
25	0.199	0.662	97.808						
26	0.178	0.593	98.402						
27	0.139	0.464	98.866						
28	0.135	0.449	99.315						
29	0.110	0.366	99.681						
30	0.096	0.319	100.00						

从表 4.2 的结果可知，对所有变量降维后，可以得到 8 个主成分，即 8 个公

共因子。8 个公共因子的累积方差百分比为 71.937%，反映了原始变量的大部分信息。因此，可以利用降维后 8 个主成分的变化来解释原始变量的变化。为了使 8 个公共因子的实际意义更加明确，利用最大方差法对原因子载荷矩阵进行正交旋转，得到探索性因子分析结果，如表 4.3 所示。

表 4.3　探索性因子分析结果

变量	测试题项	因子							
		1	2	3	4	5	6	7	8
治理主体信任程度	TS1	0.758							
	TS2	0.658							
	TS3	0.720							
大气污染治理能力	EGA1		0.782						
	EGA2		0.770						
	EGA3		0.551						
	EGA4		0.722						
	EGA5		0.546						
	EGA6		0.577						
预期收益	ER1			0.816					
	ER2			0.780					
	ER3			0.735					
	ER4			0.801					
	ER5			0.769					
上级政府支持	UGS1				0.750				
	UGS2				0.707				
	UGS3				0.745				
	UGS4				0.828				
企业支持	ES1					0.803			
	ES2					0.770			
	ES3					0.754			
公众支持	CS1						0.781		
	CS2						0.752		
	CS3						0.772		
治理主体协同程度	GC1							0.753	
	GC2							0.758	
	GC3							0.702	
协同关系可持续性	CRS1								0.744
	CRS2								0.782
	CRS3								0.725

从表 4.3 可以看出，测量治理主体信任程度的 3 个变量（条目题项）聚合在同一因子下，且 3 个变量在该因子上的载荷系数分别为 0.758、0.658 和 0.720；测量大气污染治理能力的 6 个变量聚合在同一因子下，且 6 个变量在该因子上的载荷系数分别为 0.782、0.770、0.551、0.722、0.546 和 0.577；测量预期收益的 5 个变量聚合在同一因子下，且 5 个变量在该因子上的载荷系数分别为 0.816、0.780、0.735、0.801 和 0.769；测量上级政府支持的 4 个变量聚合在同一因子下，且 4 个变量在该因子上的载荷系数分别为 0.750、0.707、0.745 和 0.828；测量企业支持的 3 个变量聚合在同一因子下，且 3 个变量在该因子上的载荷系数分别为 0.803、0.770 和 0.754；测量公众支持的 3 个变量聚合在同一因子下，且 3 个变量在该因子上的载荷系数分别为 0.781、0.752 和 0.772；测量治理主体协同程度的 3 个变量聚合在同一因子下，且 3 个变量在该因子上的载荷系数分别为 0.753、0.758 和 0.702；测量协同关系可持续性的 3 个变量聚合在同一因子之下，且 3 个变量在该因子上的载荷系数分别为 0.744、0.782 和 0.725。因此，探索性因子分析结果较为理想，区域大气污染协同治理影响因素构想得到了初步验证。

4.4 变量信度和效度分析

4.2 节中，通过 SPSS23.0 对区域大气污染协同治理关系影响因素的各个变量 Cronbach's α 值进行了计算，结果显示所有变量的 Cronbach's α 值处于 0.744～0.872，均满足 Cronbach's α 值大于 0.7 的要求。进一步，为了获得更加精确的信度检验结果，对各个变量的组合信度（construct reliability，CR）进行计算，其计算公式为

$$CR = \frac{\left(\sum \delta\right)^2}{\left(\sum \delta\right)^2 + \sum \theta} \tag{4.5}$$

式中，δ 为观测变量在潜变量上的标准化参数估计值，即标准化因子载荷系数；θ 为观测变量的测量误差。

各个变量 CR 的计算结果如表 4.4 所示。组合信度主要是评估一个潜变量所属的各个观测变量之间的内在一致性，即量表中所有题项间的一致性程度。CR 值越高，说明题项之间关联性越高。一般研究认为，CR 大于 0.7 表明量表的可靠性较高，在探索性研究中，CR 值可以小于 0.7，但应该大于 0.6。从表 4.4 中可以看出，所有变量的 CR 值处于 0.817～0.880，表明各个变量的量表都具有较高的可靠性。

除了信度检验以外，还需要对问卷各个变量的有效性和正确性进行检验，即效度分析。效度越高，表示问卷调查的结果所能代表要调查内容的真实程度越高。本书采用平均方差提取（average variance extracted，AVE）指标对量表的收敛效度进行检验，AVE 的计算公式为

$$\text{AVE} = \frac{\sum \delta^2}{\sum \delta^2 + \sum \theta} \qquad (4.6)$$

　　各个变量 AVE 的计算结果见表 4.4。一般认为，AVE 值大于 0.5 时，量表具有较好的收敛效度。从表 4.4 可以看出，各变量的标准化因子载荷系数处于 0.643～0.881，且 AVE 值处于 0.528～0.707，说明测量具有较高的收敛效度。

　　此外，绝对拟合度指标 $\chi^2/\text{df} = 1.532（<2）$、RMR $= 0.059（<0.08）$、RMSEA $= 0.059$（<0.06）；增值拟合度指标 TLI $= 0.903$（>0.9）、CFI $= 0.916$（>0.9），说明模型拟合水平较为理想。

表 4.4　测量的信度和效度分析

变量	测量题项	因子载荷	模型适配指标
治理主体信任程度 （CR = 0.839； AVE = 0.635）	TS1	0.736***	
	TS2	0.856***	
	TS3	0.794***	
大气污染治理能力 （CR = 0.871； AVE = 0.532）	EGA1	0.741***	
	EGA2	0.819***	
	EGA3	0.771***	
	EGA4	0.643***	
	EGA5	0.684***	
	EGA6	0.703***	
预期收益 （CR = 0.880； AVE = 0.595）	ER1	0.814***	
	ER2	0.774***	
	ER3	0.806***	
	ER4	0.764***	
	ER5	0.692***	RMSEA = 0.059 TLI = 0.903 CFI = 0.916 RMR = 0.059 $\chi^2/\text{df} = 1.532$
上级政府支持 （CR = 0.817； AVE = 0.528）	UGS1	0.728***	
	UGS2	0.749***	
	UGS3	0.706***	
	UGS4	0.723***	
企业支持 （CR = 0.841； AVE = 0.640）	ES1	0.871***	
	ES2	0.774***	
	ES3	0.749***	
公众支持 （CR = 0.828； AVE = 0.616）	CS1	0.780***	
	CS2	0.825***	
	CS3	0.747***	
治理主体协同程度 （CR = 0.870； AVE = 0.692）	GC1	0.881***	
	GC2	0.847***	
	GC3	0.763***	
协同关系可持续性 （CR = 0.879； AVE = 0.707）	CRS1	0.866***	
	CRS2	0.849***	
	CRS3	0.807***	

注：***表示 $p < 0.001$。

4.5　假设检验结果

4.5.1　相关性分析

为了衡量变量因素之间的相关密切程度，采用皮尔逊相关系数法度量两个变量之间的相关程度。两个变量之间的皮尔逊相关系数定义为两个变量之间的协方差和标准差的商，假设有两个变量 X 和 Y，那么，两个变量之间的皮尔逊相关系数可以通过以下公式进行计算：

$$
\begin{aligned}
r_{XY} &= \frac{\mathrm{Cov}(X,Y)}{\sigma_X \sigma_Y} = \frac{E((X - E(X))(Y - E(Y)))}{\sigma_X \sigma_Y} \\
&= \frac{E(XY) - E(X)E(Y)}{\sqrt{E(X^2) - E^2(X)}\sqrt{E(Y^2) - E^2(Y)}}
\end{aligned}
\tag{4.7}
$$

式中，$\mathrm{Cov}(X,Y)$ 为变量 X 和 Y 的协方差；σ_X 和 σ_Y 分别为变量 X 和 Y 的标准差；$E(*)$ 表示数学期望。

利用 SPSS23.0 对变量的皮尔逊相关系数进行计算，结果如表 4.5 所示。由表 4.5 中的相关系数可知，治理主体信任程度（$\gamma = 0.278$，$p < 0.01$）、大气污染治理能力（$\gamma = 0.452$，$p < 0.01$）、预期收益（$\gamma = 0.215$，$p < 0.01$）、上级政府支持（$\gamma = 0.408$，$p < 0.01$）、企业支持（$\gamma = 0.230$，$p < 0.01$）、公众支持（$\gamma = 0.333$，$p < 0.01$）与治理主体协同程度显著正相关；同样，治理主体信任程度（$\gamma = 0.421$，$p < 0.01$）、大气污染治理能力（$\gamma = 0.344$，$p < 0.01$）、预期收益（$\gamma = 0.473$，$p < 0.01$）、上级政府支持（$\gamma = 0.217$，$p < 0.01$）、企业支持（$\gamma = 0.269$，$p < 0.01$）、公众支持（$\gamma = 0.336$，$p < 0.01$）与协同关系可持续性显著正相关，为研究假设提供了基本支持。

表 4.5　相关性分析结果

变量	1	2	3	4	5	6	7	8
1. 治理主体信任程度	1							
2. 大气污染治理能力	0.394**	1						
3. 预期收益	0.305**	0.175*	1					
4. 上级政府支持	0.350**	0.339**	0.292**	1				
5. 企业支持	0.274**	0.288**	0.244**	0.144	1			
6. 公众支持	0.143	0.191*	0.171*	0.140	0.136	1		
7. 治理主体协同程度	0.278**	0.452**	0.215**	0.408**	0.230**	0.333**	1	
8. 协同关系可持续性	0.421**	0.344**	0.473**	0.217**	0.269**	0.336**	0.441**	1

注：**表示 $p < 0.01$，*表示 $p < 0.05$。

4.5.2　结构方程模型检验

根据区域大气污染协同治理关系影响因素的路径关系，通过 AMOS16.0 对理论假设进行结构方程分析，判断外生潜变量和内生潜变量之间的因果关系是否显著，从而识别区域大气污染协同治理关系"产生"阶段和"维系"阶段的关键影响因素。区域大气污染协同治理关系影响因素的路径系数及假设检验结果如表 4.6 和图 4.3 所示。

表 4.6　结构方程模型检验结果

假设	路径系数	p 值	检验结果	假设	路径系数	p 值	检验结果
H1a	0.027	＞0.05	不显著	H4a	0.247	＜0.05	显著
H1b	0.252	＜0.05	显著	H4b	−0.101	＞0.05	不显著
H2a	0.321	＜0.05	显著	H5a	0.057	＞0.05	不显著
H2b	0.187	＜0.05	显著	H5b	0.003	＞0.05	不显著
H3a	0.018	＞0.05	不显著	H6a	0.265	＜0.05	显著
H3b	0.399	＜0.05	显著	H6b	0.276	＜0.05	显著

4.5.3　结果与讨论

通过上述结构方程模型的路径分析，对 12 个理论假设进行验证，结果表明：大气污染治理能力、上级政府支持、公众支持对治理主体协同程度会产生积极的正效应，即假设 H2a、H4a、H6a 都是成立的；治理主体信任程度、大气污染治理能力、预期收益、公众支持对协同关系可持续性会产生积极的正效应，即假设 H1b、H2b、H3b、H6b 都是成立的。进一步，可以得到如下启示：

（1）大气污染治理能力、公众支持是区域大气污染协同治理全过程的关键影响因素。首先，各个地方政府前期积累的基础性能力和互补性资源，是其参与协同治理的前提条件，如果单纯寄希望于周边地区的"帮扶"，不仅难以形成紧密的协同关系，并且还可能因为"不对等"而导致合作破裂。其次，需要积极引导公众对大气污染治理的诉求，充分重视公众参与和公众监督在协同治理过程中的基础性作用。公众支持对"产生"阶段和"维系"阶段的促进作用较为均衡（标准化路径系数分别是 0.265 和 0.276），而大气污染治理能力在协同初期的推动作用更加显著。

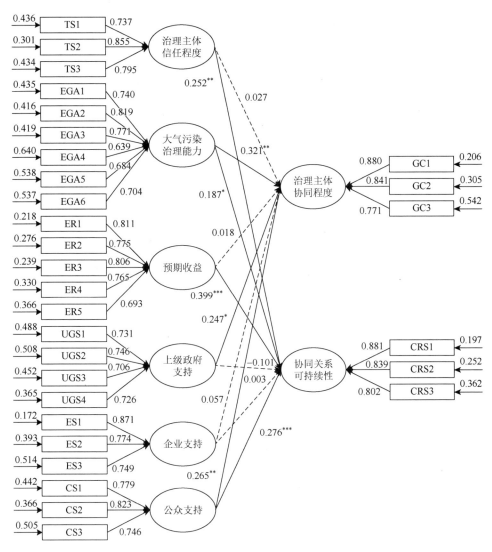

图 4.3　区域大气污染协同治理关系影响因素的结构方程模型标准化解

***、**、*分别表示 $p<0.001$、$p<0.01$、$p<0.05$

　　（2）上级政府支持是区域大气污染协同治理关系"产生"阶段的关键影响因素。上级政府往往能够以行政指令的方式，打破属地管辖限制，使同一区域内的各个地方政府在较短时间内快速形成大气污染治理的协同关系，发挥出积极的"撬动作用"。但这一力量不足以支撑地方政府之间进一步形成协同治理的长效机制，甚至有可能会约束地方政府的主体能动性，使双方陷入"非自愿""非自主"的合作困境（上级政府支持对协同关系可持续性的影响虽不显著，但表现出一定的负效应）。

（3）治理主体信任程度、预期收益是区域大气污染协同治理关系"维系"阶段的关键影响因素。地方政府需要克服个体理性的局限，逐步向集体理性转变，充分认识到所辖地区内大气生态环境的改善，依赖于周边地区的共同贡献和合力支持，相互之间是一种唇亡齿寒的关系。在协同治理行动中，逐渐积累相互信任、理解和默契，消除彼此在治理能力、投入意愿等方面的怀疑，才能建立起深度、稳定的协同关系。与此同时，如果不采取适当的生态补偿和利益诱导机制，区域协作以及区域均衡发展只会变成一句空话，必然会造成部分地方政府丧失合作积极性，区域协同治理模式也将难以得到长期的推广和运行。

第5章 区域大气污染协同治理关系的动态演化分析

第4章从静态的研究视角探讨了区域大气污染协同治理关系的影响因素，而区域大气污染协同治理的形成、发展和巩固是一个完整的、动态的演化过程。因此，本章基于动态的研究视角，对区域大气污染协同治理关系的影响机理进行进一步的分析。结合以往的大气污染联防联控的实际经验以及调研结果，将第4章的影响因素进行细化和扩展，并根据这些影响因素的不同作用方式，将区域大气污染协同治理系统划分为动力子系统、支撑力子系统以及阻力子系统等三个关键子系统。并借鉴国内外研究成果，根据系统性和整体性等原则，从模型预测效果分析、敏感度分析以及政策情景模拟三个方面对区域大气污染协同治理关系的动态演化趋势展开研究。

本章的结构安排是：首先，对区域大气污染协同治理关系的影响因素框架进行理论分析，并分别理清动力子系统、支撑力子系统和阻力子系统内部影响因素的因果关系，探讨各个子系统内部的运作机理。然后，综合构建区域大气污染协同治理关系的总体系统模型，并对动力形成程度、支撑力形成程度、阻力形成程度、区域协同治理形成程度以及污染程度等状态变量进行模拟预测分析。最后对影响区域大气污染协同治理关系的关键因素进行敏感度分析和政策情景分析。

5.1 系统结构分析

本章利用系统动力学的理论和方法，在第4章的基础上，对区域大气污染协同治理关系的影响因素进行扩展和细化。并根据不同影响因素的作用方式，将其划分为动力子系统、支撑力子系统和阻力子系统，基本情况如图5.1所示。各子系统相互联系、相互约束、相互作用，共同构成一个复杂的、非线性的动态系统（陈彬等，2012）。

（1）动力子系统。动力子系统对区域大气污染协同治理关系的形成，起着催化、引导、激励和巩固的作用。各个地区为了响应上级政府的一系列政策规划，以及满足公众对生活环境质量的要求，将会推动区域协同治理关系的产生；合作效益等因素也会引导各个地区进行协同治理，减少大气污染，并激励各个地方政府、企业、公众等朝着统一的目标和方向发展；而地方政府、企业和公众之间的信任度以及合作能力等将会巩固区域大气污染协同治理的形成效果。

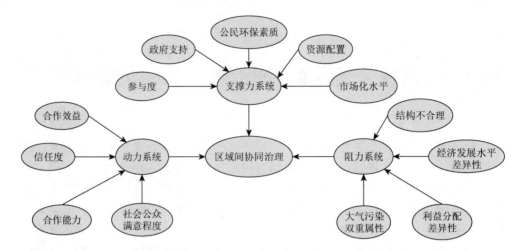

图 5.1　区域大气污染协同治理关系的影响因素分析框架（基于系统动力学的方法视角）

（2）支撑力子系统。支撑力子系统是指使区域大气污染协同治理的作用得以体现的资源平台，其为区域大气污染协同治理的各类行为和活动提供了最基本的支持。从现实情况来看，主体的参与程度、政府支持、公民环保素质、资源配置、市场化水平等是支撑区域大气污染协同治理关系形成的重要因素，直接决定了这一治理系统的生命长度。

（3）阻力子系统。阻力子系统也称负动力系统，即阻碍区域大气污染协同治理关系形成的力量和因素，主要包括两个方面：一方面是情况复杂性，如能源结构不合理、产业结构不合理、机动车结构不合理、各地区经济发展水平差异性以及大气污染双重属性（自然属性和社会属性）等；另一方面是利益分配差异性等。

5.2　区域大气污染协同治理的子系统分析

5.2.1　子系统的因果关系分析

因果关系图反映了系统动力学模型中各变量之间的反馈关系和因果关系，以此图为标准可以找出各个子模块的研究要素（方海霞等，2014）。在区域大气污染协同治理的系统动力学模型边界之内，本节着重对动力子系统、支撑力子系统和阻力子系统内部各个因素之间的因果反馈关系进行分析。各个子系统的因果关系图及其反馈回路总结如下（带有"＋"号的箭头表示正反馈关系，带有"－"号的箭头表示负反馈关系）。

1. 动力子系统因果反馈关系分析

动力子系统主要是指对区域大气污染协同治理关系起促进作用的因素和力量。为了表征动力子系统的形成和运行机理，主要考虑了合作收益、合作能力、信任度、社会公众满意程度等关键因素，各个因素之间的因果关系如图 5.2 所示。

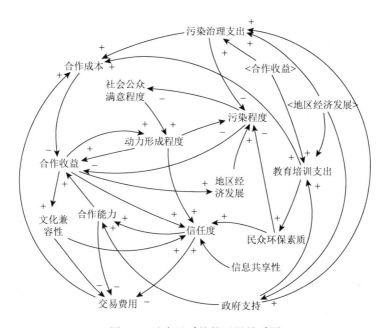

图 5.2 动力子系统的因果关系图

动力子系统的主要反馈回路有：

（1）动力形成程度 $\xrightarrow{+}$ 信任度 $\xrightarrow{+}$ 合作能力 $\xrightarrow{+}$ 合作收益 $\xrightarrow{+}$ 动力形成程度。

（2）动力形成程度 $\xrightarrow{-}$ 污染程度 $\xrightarrow{-}$ 社会公众满意程度 $\xrightarrow{+}$ 动力形成程度。

（3）动力形成程度 $\xrightarrow{+}$ 合作收益 $\xrightarrow{+}$ 地区经济发展 $\xrightarrow{+}$ 污染程度 $\xrightarrow{-}$ 社会公众满意程度 $\xrightarrow{+}$ 动力形成程度。

（4）动力形成程度 $\xrightarrow{+}$ 信任度 $\xrightarrow{-}$ 交易费用 $\xrightarrow{+}$ 合作成本 $\xrightarrow{-}$ 合作收益 $\xrightarrow{+}$ 地区经济发展 $\xrightarrow{+}$ 污染程度 $\xrightarrow{-}$ 社会公众满意程度 $\xrightarrow{+}$ 动力形成程度。

2. 支撑力子系统因果反馈关系分析

支撑力子系统主要是指为区域大气污染协同治理关系提供资源运用平台的能力，主要考虑制度支持、资源配置、市场化水平、公民环保素质和参与度等几个关键因素。首先，通过一段时间的资源整合，构成支撑力平台，并通过相互作用产生一定的合作收益。其次，支撑力平台的日益完善和成熟将会增加合作收益，从而增加了制度支持、资金支持等。最后，区域大气污染协同治理经验的交流，可以进一步完善和巩固支撑力平台的形成效果。以上几个关键因素之间的因果关系如图 5.3 所示。

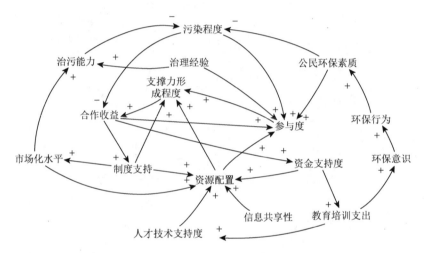

图 5.3　支撑力子系统的因果关系图

支撑力子系统的主要反馈回路有：

（1）支撑力形成程度 ——+→ 合作收益 ——+→ 制度支持 ——+→ 资源配置 ——+→ 参与度 ——+→ 支撑力形成程度。

（2）支撑力形成程度 ——+→ 合作收益 ——+→ 资金支持度 ——+→ 教育培训支出 ——+→ 环保意识 ——+→ 环保行为 ——+→ 公民环保素质 ——−→ 污染程度 ——→ 参与度 ——+→ 支撑力形成程度。

（3）支撑力形成程度 ——→ 合作收益 ——→ 制度支持 ——+→ 市场化水平 ——+→ 治污能力 ——−→ 污染程度 ——+→ 参与度 ——+→ 支撑力形成程度。

3. 阻力子系统因果反馈关系分析

阻力子系统主要是由两个方面构成：一方面，是造成大气污染物排放增加的直接影响因素，包括能源结构不合理、产业结构不合理、机动车结构不合理以及污染外部性等因素；另一方面，各个地区之间的利益分配机制不规范，以及各个地区存在本位主义等，从而导致利益分配格局的不合理。这些关键因素之间的因果关系如图 5.4 所示。

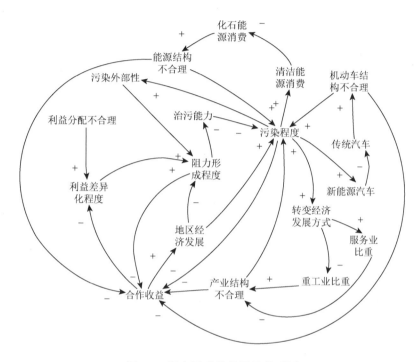

图 5.4　阻力子系统的因果关系图

阻力子系统的主要反馈回路有：

（1）阻力形成程度 ——⁻→ 合作收益 ——⁺→ 地区经济发展 ——⁺→ 污染程度 ——⁺→ 污染外部性 ——⁺→ 阻力形成程度。

（2）阻力形成程度 ——⁻→ 治污能力 ——⁻→ 污染程度 ——⁺→ 清洁能源消费 ——⁻→ 化石能源消费 ——⁺→ 能源结构不合理 ——→ 合作收益 ——→ 利益差异化程度 ——⁺→ 阻力形成程度。

（3）阻力形成程度 ——⁻→ 治污能力 ——→ 污染程度 ——⁺→ 新能源汽车 ——→ 传统汽车 ——⁺→ 机动车结构不合理 ——⁻→ 合作收益 ——⁻→ 利益差异化程度 ——⁺→ 阻力形成程度。

（4）阻力形成程度 ——→ 治污能力 ——→ 污染程度 ——⁺→ 转变经济发展方式 ——⁻→ 重工业比重 ——⁺→ 产业结构不合理 ——→ 合作收益 ——→ 利益差异化程度 ——⁺→ 阻力形成程度。

5.2.2　子系统的系统流图设计

根据上述动力子系统、支撑力子系统和阻力子系统的因果关系图，可以进一步构建相应的系统流图（也称为存量流量图）。在此基础上，为了清晰地梳理各个子系统的运行机制，分别对每个子系统的状态变量进行入树分析。

1. 动力子系统的系统流图及入树分析

动力子系统的系统流图如图 5.5 所示。其中，动力形成程度、合作效益和污染程度为该子系统的状态变量，需要分别对其进行入树分析。

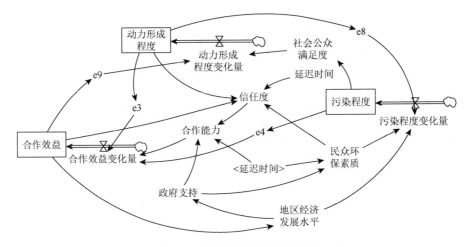

图 5.5　动力子系统的系统流图

动力形成程度的入树分析。"信任度、合作能力、合作效益 —— $\xrightarrow{+}$ 动力形成程度变化量 $\xrightarrow{+}$ 动力形成程度"是正因果链，说明地区间的信任度越高，合作能力越强，合作效益越大，产生的正向作用越大，区域大气污染协同治理的动力子系统越能形成并日益成熟。"社会公众满足度 $\xrightarrow{+}$ 动力形成程度变化量 $\xrightarrow{+}$ 动力形成程度"是正因果链，说明随着公众的生活环境质量水平的提高，公众的满足度得以提升，对动力形成产生的作用加大，使得区域大气污染协同治理的动力子系统得以形成与运转。

合作效益的入树分析。"信任度、合作能力 $\xrightarrow{+}$ 合作效益变化量 $\xrightarrow{+}$ 合作效益"是正因果链，说明地区间的信任度越高，合作能力越强，通过协同带来的合作效益越高，包括地区间资源优化、大气污染减少、地区经济发展等多方面的利益。"动力形成程度 $\xrightarrow{+}$ 合作效益变化量 $\xrightarrow{+}$ 合作效益"是正因果链，说明

区域大气污染协同治理动力形成程度所起的作用越大，对减少大气污染这一目标
所起的作用就越大，合作效益越高。"污染程度 ——$^-$—→ 合作效益变化量 ——$^+$—→ 合作
效益"是负因果链，说明造成大气污染物排放的因素越复杂，污染程度会越高，
地区间合作所带来的效益会越低。

　　污染程度的入树分析。"地区经济发展水平 ——$^+$—→ 污染程度变化量 ——$^+$—→ 污染
程度"是正因果链，说明资源消耗等经济活动所带来的地区经济发展水平的提高，
进一步增加了大气污染物的排放。"政府支持、民众环保素质、动力形成程度 ——$^-$—→
污染程度变化量 ——$^+$—→ 污染程度"是负因果链，说明由于政府在资金、技术、人
才和制度支持等方面的增加，以及公众环保素质的提高，提升了地区间的合作能
力，从而减少了大气污染。

　　2. 支撑力子系统的系统流图及入树分析

　　支撑力子系统的系统流图如图 5.6 所示。其中，支撑力形成程度、合作效益
和污染程度为该子系统的状态变量，需要分别对其进行入树分析。

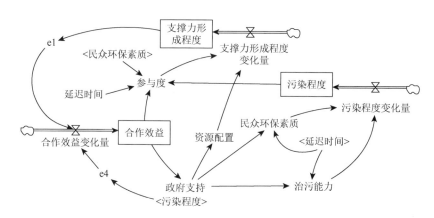

图 5.6　支撑力子系统的系统流图

　　支撑力形成程度的入树分析。"参与度、资源配置 ——$^+$—→ 支撑力形成程度变化
量 ——$^+$—→ 支撑力形成程度"是正因果链，说明地方政府、企业和公众共同参与治
理大气污染的程度越高，以及人力、资金、技术等资源配置程度越高，区域大气
污染协同治理的资源运作平台越容易形成，越能保障协同治理系统的正常运作。

　　合作效益的入树分析。"支撑力形成程度 ——$^+$—→ 合作效益变化量 ——$^+$—→ 合作效
益"是正因果链，说明为了促进区域大气污染协同治理的形成，提供资源整合和
参与行为的支撑力形成程度越大，地区间通过协同治理得到的合作效益将会越多。
"污染程度 ——$^-$—→ 合作效益变化量 ——$^+$—→ 合作效益"是负因果链，说明随着影响大

气污染物排放的因素增加，以及大气污染本身的污染外部性和自然属性，大气污染物浓度升高，从而减少了地区间通过协同得到的效益，总效益降低。

污染程度的入树分析。"民众环保素质、治污能力、政府支持 $\xrightarrow{\quad}$ 污染程度变化量 $\xrightarrow{\ +\ }$ 污染程度"是负因果链，说明民众环保素质的提高、先进技术设备的增加，以及管理能力的提升和治理经验的借鉴等，加强了政府对地区间协同治理的资金、人才技术等方面的支持，从而在一定程度上减少了大气环境污染。

3. 阻力子系统的系统流图及入树分析

阻力子系统的系统流图如图 5.7 所示。其中，阻力形成程度、合作效益和污染程度为该子系统的状态变量，需要分别对其进行入树分析。

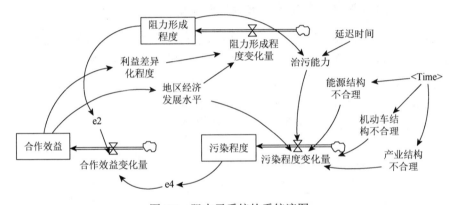

图 5.7　阻力子系统的系统流图

阻力形成程度的入树分析。"利益差异化程度 $\xrightarrow{\ +\ }$ 阻力形成程度变化量 $\xrightarrow{\ +\ }$ 阻力形成程度"是正因果链，说明地区间利益分配格局的不合理，以及利益分配机制的不规范等，地区间利益差异化程度越来越高，产生的阻碍作用越来越大，导致区域大气污染协同治理难以形成并保持稳定。"地区经济发展水平 $\xrightarrow{\quad}$ 阻力形成程度变化量 $\xrightarrow{\ +\ }$ 阻力形成程度"是负因果链，说明区域协同治理形成程度的增加，在一定程度上能够提升地区经济发展水平，减弱区域大气污染协同治理形成的阻碍力量。

合作效益的入树分析。"阻力形成程度、污染程度 $\xrightarrow{\quad}$ 合作效益变化量 $\xrightarrow{\ +\ }$ 合作效益"是负因果链，说明阻碍区域大气污染协同治理形成的阻碍作用越大，大气环境污染越严重，相应的合作效益会越少。

污染程度的入树分析。"能源结构不合理、产业结构不合理、机动车结构不合理 $\xrightarrow{\ +\ }$ 污染程度变化量 $\xrightarrow{\ +\ }$ 污染程度"是正因果链，说明目前在能源利用方面，化石能源消耗仍然在能源消耗中占主导地位，清洁能源利用相对较少，能源结构不合理；在产业结构方面，以重工业为主，轻工业为辅，产业结构不合理；在机动车方面，以传统汽车为主，新能源汽车的使用相对较少，机动车结构不合理，这些因素会使得大气环境污染越来越严重。

5.3　总体系统模型的构建

5.3.1　总体系统的模型假设

本章研究的目的是分析阻力子系统影响因素对协同关系和大气污染的负面影响，以及动力子系统和支撑力子系统影响因素对协同关系和大气污染的正向影响之间的作用机理。由于区域大气污染协同治理关系的影响因素错综复杂，建立总体模型前需做以下基本假设。

（1）影响大气污染的因素复杂多变，包括自然因素（如气候变化等）和社会因素（如化石能源消耗等），同时这些因素影响着阻力子系统的形成。但自然因素等不可抗力因素很难控制并用数据刻画，因此基于本章研究目的，主要考虑社会因素变化对阻力子系统形成的影响，包括利益差异、经济发展水平和结构不合理等因素。

（2）区域成员之间的信任水平、合作能力以及公民环保素质等变量难以用具体数据刻画，因此整个系统的变量都用程度来刻画变量的影响大小。

5.3.2　变量定义

状态变量是累积效应的变量，是最终决定系统行为的变量；而速率变量是直接改变积累变量值的变量，两者都是时间变量的函数。辅助变量可间接由系统中其他变量计算得到。根据前几章的分析，用变量来刻画区域大气污染协同治理关系的动力子系统、支撑力子系统和阻力子系统的影响因素，定义如下。

1. 状态/速率变量

（1）区域协同治理形成程度：表示区域大气污染协同治理系统的稳定状态。

（2）动力形成程度：表示引导、激励和巩固区域大气污染协同治理形成的力量，以及外部促进作用因素的动力程度以及变化量。

（3）支撑力形成程度：表示区域大气污染协同治理系统的资源应用平台，并维持系统正常运作的形成程度以及变化量。

（4）阻力形成程度：表示区域大气污染协同治理形成的阻碍力量或因素。

（5）合作效益：表示对协同治理后的收益期望、大气改善、资源优化、工作绩效等效益的期望程度以及变化量。

（6）污染程度：表示大气污染物的人均量化程度以及变化量。

2. 辅助变量

（1）信任度：表示区域大气污染协同治理中政府、企业和民众之间的信任程度。

（2）合作能力：表示对区域大气污染协同治理的资源整合、责任担当、监管治污、学习创新等能力的掌握程度。

（3）参与度：表示地方政府、企业和公众参与协同治理所采取的途径、方法、限排标准等。

（4）民众环保素质：表示在区域大气污染协同治理中，民众节约资源、参与治理等环保意识以及行为的程度。

（5）政府支持：表示上级及地方政府对区域大气污染协同治理的形成，提供的财政支持、人才技术支持和制度支持等。

（6）资源配置：表示区域大气污染协同治理系统内的人才、技术、资金、制度及信息等资源整合和优化程度。

（7）社会公众满意度：表示由于大气污染物的降低，公众的满意程度。

（8）利益差异程度：表示地区间利益分配不均的程度。

（9）治污能力：表示区域大气污染协同治理的设备、技术和投资能力等。

3. 影响因子

根据建模需要，本节设计了 e1，e2，…，e9 共 9 个影响因子。

（1）e1 表示支撑力形成程度对合作效益变化量的影响因子。

（2）e2 表示阻力形成程度对合作效益变化量的影响因子。

（3）e3 表示动力形成程度对合作效益变化量的影响因子。

（4）e4 表示污染程度对合作效益变化量的影响因子。

（5）e5 表示阻力形成程度对协同治理形成程度变化量的影响因子。

（6）e6 表示动力形成程度对协同治理形成程度变化量的影响因子。

（7）e7 表示支撑力形成程度对协同治理形成程度变化量的影响因子。

（8）e8 表示动力形成程度对污染程度变化量的影响因子。

（9）e9 表示合作效益对动力形成程度变化量的影响因子。

5.3.3　方程定义

（1）区域协同治理形成程度 = INTEG（协同治理形成程度变化量，0）。

（2）协同治理形成程度变化量 = 0.3×e6 + 0.25×e7–0.001×e5。

（3）动力形成程度 = INTEG（动力形成程度变化量，0）。

（4）动力形成程度变化量 = 0.8×e9×0.8×社会公众满足度。

（5）支撑力形成程度 = INTEG（支撑力形成程度变化量，0）。

（6）支撑力形成程度变化量 = 参与度权重×参与度×资源配置权重×资源配置。

（7）阻力形成程度 = INTEG（阻力形成程度变化量，0）。

（8）阻力形成程度变化量 = 利益差异程度权重×利益差异程度–0.64×地区经济发展水平。

（9）合作效益 = INTEG（合作效益变化量，0）。

（10）合作效益变化量 = 0.2×e1×0.2×e3 + 0.1×区域协同治理形成程度 + 0.1×合作能力–0.2×e2×0.2×e4。

（11）污染程度 = INTEG（污染程度变化量，0.8）。

（12）污染程度变化量 = 0.1×产业结构不合理×0.1×能源结构不合理×0.1×机动车结构不合理 + 0.1×地区经济发展水平–0.1×治污能力–0.2×e8–0.1×民众环保素质–0.2×区域协同治理形成程度。

（13）信任度 = DELAY1（动力形成程度，延迟时间）×0.4 + DELAY1（合作效益，延迟时间）×0.3 + DELAY1（民众环保素质，延迟时间）×0.4。

（14）合作能力 = SMOOTH（信任度，延迟时间）×信任度权重 + SMOOTH（政府支持，延迟时间）×政府支持权重。

（15）参与度 = 合作效益×0.5 + 民众环保素质×0.45–污染程度×0.05。

（16）民众环保素质 = DELAY1I（政府支持，延迟时间，0.1）。

（17）治污能力 = 0.6×SMOOTH（政府支持，延迟时间）–0.4×SMOOTH（阻力形成程度，延迟时间）。

将变量权重的确定与模型的仿真运行结合起来，将初步选择的权重放入模型中进行反复运行调试，当仿真运行的结果与实际情况误差最小的时候，才确定该权重。

（18）参与度权重 = 0.6；资源配置权重 = 0.4；利益差异程度权重 = 0.36；信任度权重 = 0.5；政府支持权重 = 0.5。

这 5 个参数的权重确定通过运用 SPSS 软件将调研得到的数据进行回归分析处理得到。

（19）利益差异程度 = WITH LOOKUP(合作效益,([(0,0)-(1,1)],(0,0.7),(0.1,0.65),(0.2,0.63),(0.3,0.6),(0.4,0.55),(0.5,0.5),(0.6,0.47),(0.64,0.4),(0.65,0.3)))。

利益差异程度是合作效益的表函数，变化范围为 0～1，随着合作效益的逐渐增加，呈下降趋势。

（20）地区经济发展水平 = WITH LOOKUP(合作效益,([(0,0)-(1,1)],(0,0.3),(0.1,0.35),(0.2,0.37),(0.3,0.41),(0.4,0.45),(0.5,0.52),(0.6,0.6),(0.7,0.61),(0.8,0.6)))。

地区经济发展水平是合作效益的表函数，变化范围为 0～1，随着合作效益的逐渐增加，呈增加趋势。

（21）政府支持 = WITH LOOKUP(地区经济发展水平,([(0,0)-(1,1)],(0.2,0.1),(0.3,0.2),(0.4,0.3),(0.6,0.5),(0.7,0.6),(0.8,0.7)))。

政府支持是地区经济发展水平的表函数，变化范围为 0～1，随着地区经济发展水平的逐渐增加，呈上升趋势。

（22）资源配置 = WITH LOOKUP(政府支持,([(0,0)-(1,1)],(0,0),(0.1,0.15),(0.2,0.22),(0.3,0.35),(0.4,0.45),(0.5,0.56),(0.6,0.65),(0.7,0.65)))。

资源配置是政府支持的表函数，变化范围为 0～1，随着政府支持的逐渐增加，呈上升趋势。

（23）社会公众满意程度 = WITH LOOKUP(污染程度,([(0,0)-(1,1)],(0.7,0.2),(0.6,0.3),(0.5,0.4),(0.4,0.5),(0.3,0.6)))。

社会公众满意程度是污染程度的表函数，变化范围为 0～1，随着污染程度的逐渐降低，呈上升趋势。

5.3.4　主要回路分析

根据 5.2 节区域大气污染协同治理关系的动力子系统、支撑力子系统和阻力子系统的因果关系图，构建区域大气污染协同治理总系统的因果关系图，如图 5.8 所示。根据各个子系统的系统流图及其相互作用，构建区域大气污染协同治理总系统的系统流图，如图 5.9 所示。总系统的主要反馈回路如下。

（1）"区域协同治理形成程度 —⁻→ 污染程度 —⁺→ e4 —⁻→ 合作效益 —⁺→ e9 —⁺→ 动力形成程度 —⁺→ e6 —⁺→ 区域协同治理形成程度"为增强型回路。区域协同治理形成程度的增加，降低了大气污染，协同治理效果明显，同时大气污染的降低，使得污染程度的影响因子 e4 减少，如污染外部性以及自然影响因素等。污染程度的降低，将会增加地区间的合作效益，如合作利益、资源优化、环境状况等。因为各地区在本质上是以追求自身利益最大化为目标，所以合作效益的增加使得各地区参与协同治理的动力增加，相应的动力形成程度影响因子 e6 增加，最后又加强了区域协同治理形成程度。

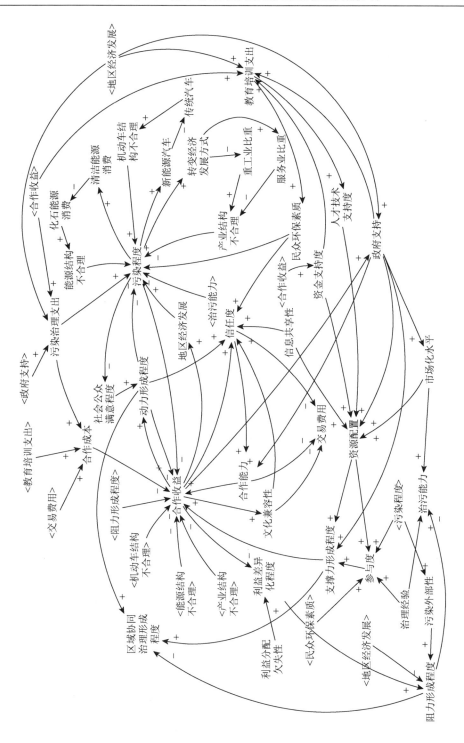

图 5.8　区域大气污染协同治理系统的因果关系图

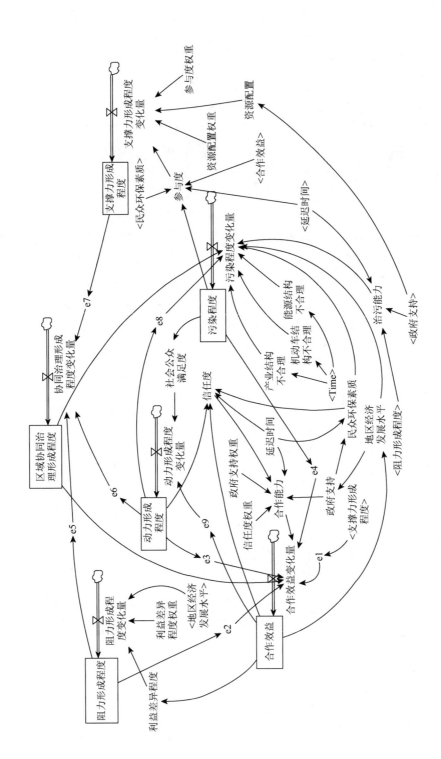

图 5.9　区域大气污染协同治理系统的系统流图

（2）"区域协同治理形成程度 $\xrightarrow{+}$ 合作效益 $\xrightarrow{+}$ 地区经济发展水平 $\xrightarrow{+}$ 污染程度 $\xrightarrow{-}$ 参与度 $\xrightarrow{+}$ 支撑力形成程度 $\xrightarrow{+}$ e7 $\xrightarrow{+}$ 区域协同治理形成程度"为平衡型回路。区域协同治理形成程度的增加，不仅降低了大气污染，还增加了一定的合作效益，而合作效益的增加在一定程度上会提高地区经济发展水平。地区经济发展水平的提高主要依赖于粗放式的重工业发展，而重工业的快速发展伴随着大规模的能源消耗。众所周知，能源的消耗会产生大量的大气污染物。大气污染的增加将会降低公众的生活环境质量水平，进而降低公众参与协同治理的积极性，使得支撑力形成程度影响因子 e7 减少，弱化了区域协同治理形成程度。

（3）"区域协同治理形成程度 $\xrightarrow{+}$ 合作效益 $\xrightarrow{-}$ 利益差异程度 $\xrightarrow{+}$ 阻力形成程度 $\xrightarrow{+}$ e5 $\xrightarrow{-}$ 区域协同治理形成程度"为增强型回路。区域协同治理形成程度的增加，将会增加地区间的合作效益。此外，地区间利益差异程度的增加，主要是由于利益分配不公，因此合作效益的增加可以在一定程度上降低地区间利益差异程度。而阻碍区域大气污染协同治理形成的一个主要因素是地区间利益差异程度较大，因此利益差异程度的降低，可以降低阻力形成程度，以及减少阻力形成程度影响因子 e5，而阻碍因素的减少又增强了区域协同治理形成程度。

（4）"区域协同治理形成程度 $\xrightarrow{-}$ 污染程度 $\xrightarrow{-}$ 社会公众满意程度 $\xrightarrow{+}$ 动力形成程度 $\xrightarrow{+}$ 信任度 $\xrightarrow{+}$ 合作能力 $\xrightarrow{+}$ 合作效益 $\xrightarrow{+}$ 地区经济发展水平 $\xrightarrow{+}$ 政府支持 $\xrightarrow{+}$ 民众环保素质 $\xrightarrow{+}$ 参与度 $\xrightarrow{+}$ 支撑力形成程度 $\xrightarrow{+}$ e7 $\xrightarrow{+}$ 区域协同治理形成程度"为增强型回路。区域协同治理形成程度的降低，增加了大气污染的严重性，降低了人民的生活环境质量水平，从而降低了社会公众的满意度。而社会公众对协同治理的效果感到不满意，会降低其参与大气污染协同治理的动力。在这种情况下，地区之间出现信任危机，不愿共享资源，将会降低地区间协同治理大气污染的能力，进而影响地区间的合作效益，以及地区经济发展水平。地区经济发展水平较低，将会在一定程度上降低上级政府对地区的支持力度。由于政府减少了对地区的人才、技术、资金等方面的支持，相应的环保宣传支出将会减少，进而影响公众的环保素质，导致公众对环保认知的缺乏，以及参与区域大气污染协同治理的积极性不高，从而使得区域大气污染协同治理系统的支撑力形成程度影响因子 e7 减少，削弱了区域协同治理形成程度。

5.3.5　系统模型有效性检验

为了检验模型的有效性和信度，利用 Vensim 软件，对构建的总体模型进行了机械错误测试、量纲一致性测试以及模型真实性检验。检验结果表明本章构建的区域大气污染协同治理系统动力学模型结构恰当，模型能够真实地反映现实系统，模型的信度和有效性都比较高。可以进一步利用本模型进行预测效果分析、灵敏度分析以及政策模拟。

5.4　系统动态演化分析

区域大气污染协同治理系统的形成与动力形成程度、支撑力形成程度、阻力形成程度等有关,而区域大气污染协同治理形成的目的是降低大气污染,改善大气环境质量。因此,本节首先对动力形成程度、支撑力形成程度、阻力形成程度、区域协同治理形成程度以及污染程度等进行预测效果分析。然后,通过灵敏度分析,识别出影响区域大气污染协同治理关系的关键因素,从中找到促进区域大气污染协同治理的有效途径。最后,进一步通过不同政策情景和基准情景的比较,定量化模拟分析了地区间利益差异程度和政府支持力度等因素对区域大气污染协同治理的影响。

5.4.1　预测效果分析

本节就动力形成程度、支撑力形成程度、阻力形成程度、区域协同治理形成程度以及污染程度等进行了定量化预测,以期了解和掌握区域大气污染协同治理系统的演变趋势。

1. 动力形成程度的演化趋势

动力形成程度整体呈现出前期较为短暂的蓄力,中期缓慢增加,后期快速增加的趋势。其变化趋势如图 5.10 所示。

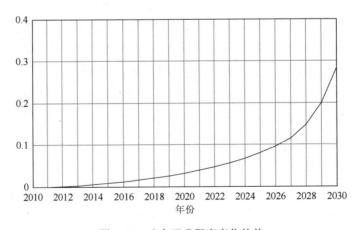

图 5.10　动力形成程度变化趋势

区域大气污染协同治理动力机制的形成是一个长期积累的过程，且区域协同治理模式还处于萌芽摸索阶段，各个地区的属地治理观念仍然根深蒂固，而地区之间的信任程度、行为协调能力、合作能力、资源协调等都需要时间来逐步加强，因此，在 2010~2014 年，动力形成程度尚处于蓄力状态，区域协同治理动力机制产生的效果还未显现。当地区之间的信任度和合作能力等增加到某一临界值时，动力形成程度开始缓慢上升。到 2027 年左右，成员之间的信任度和社会公众满足度等将快速提高，动力形成程度随之快速上升，治理效果将愈加明显。

2. 支撑力形成程度的演化趋势

支撑力形成程度整体呈现出前期短暂蓄力，后期稳定增加的趋势。其变化趋势如图 5.11 所示。

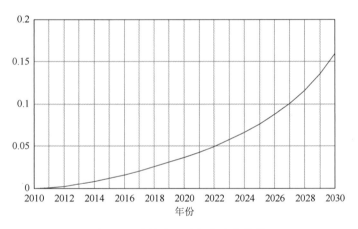

图 5.11　支撑力形成程度变化趋势

资金、技术设备、政策制度等资源需要一定时间进行配置整合，且民众环保素质的提升、环保知识的宣传以及大气污染治理的成员调动等都需要时间来协调，因此，在 2010~2012 年，支撑力形成程度处于短暂蓄力状态。2013 年以后，随着资源配置充足、市场化水平的逐渐完善以及政府支持度的平稳增加，支撑力形成程度开始稳定上升，支撑力平台效果显现。与动力形成程度演化趋势的对比可以看出，支撑力形成程度的蓄力时间更短，整体增长态势平稳，不会出现后期快速增长的情况。

3. 阻力形成程度的演化趋势

阻力形成程度整体呈现出前期逐渐上升，后期快速下降的趋势。其变化趋势如图 5.12 所示。

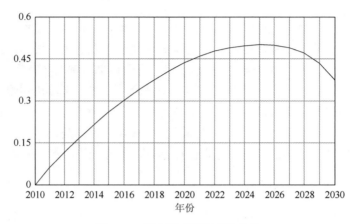

图 5.12　阻力形成程度变化趋势

　　产生大气污染物的因素复杂多变，如产业结构不合理、能源结构不合理等，这些因素直接影响着阻力形成程度的发展趋势，并在一段时期内难以获得根本性转变，使其呈现逐渐上升趋势。但随着协同治理进程的不断深入，各个地区的阻碍因素也得到了直接消减或改善，阻力形成程度呈现快速下降趋势。

　　4. 区域协同治理形成程度的演化趋势

　　区域协同治理形成程度整体呈现出前期缓慢蓄力，后期稳定增加的趋势。其变化趋势如图 5.13 所示。

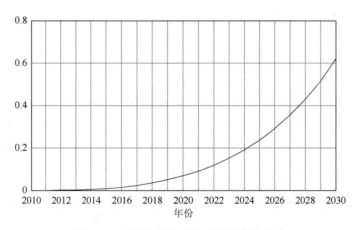

图 5.13　区域协同治理形成程度变化趋势

　　区域协同治理形成程度受到动力子系统、支撑力子系统和阻力子系统的综合作用。2010～2016 年，区域协同治理关系尚处于尝试摸索阶段，此时地区之间的信任度和合作能力等较低，因此区域协同治理形成程度还处于缓慢蓄力状态，作用的效果还未完全显现。2016 年以后，由于前期的治理模式探索以及治理经验得到了充足积累，提高了地区之间的信任度，增强了合作能力，优化了资源配置，全面提升了公众环保意识，区域协同治理形成程度呈现较稳定的增加趋势，治理效果开始显现。

5. 污染程度

污染程度整体呈现出前期微弱增长，中期几乎没有变化，后期明显下降的趋势。其变化趋势如图 5.14 所示。

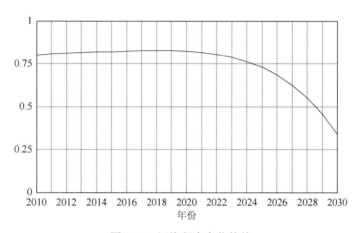

图 5.14　污染程度变化趋势

2010～2016 年，在阻力形成程度不断增加，以及区域协同治理效果还未显现的情况下，大气污染程度呈微弱增加趋势。2017～2020 年，区域协同治理的效果已经得到了一定程度的显现，与此同时，阻力作用持续增加，在这两种作用力僵持下，大气污染程度趋于稳定。到 2020～2025 年，区域协同治理形成程度继续保持明显的增长趋势，阻力形成程度增长缓慢。因此，大气污染程度也随之开始呈缓慢下降趋势。2025 年以后，区域协同治理趋于成熟稳定，同时阻力作用持续下降，因此大气污染程度呈快速下降趋势。

5.4.2　灵敏度分析

本节将 2030 年的信任度、资源配置、参与度、政府支持、利益差异程度等因素作为敏感性输出载体，考察对区域协同治理形成程度的敏感性强弱，为制定区域大气污染协同治理的发展政策提供重要支持。各个因素分别以常数参数–3%～3%的变化量进行灵敏度分析，来模拟区域协同治理形成程度的变化情况，如表 5.1 和图 5.15 所示。

表 5.1　各参数的灵敏度分析

名称	变化率						灵敏度斜率
	3%	2%	1%	−1%	−2%	−3%	
信任度权重	0.02983	0.01990	0.00991	−0.00945	−0.01877	−0.02800	0.964
资源配置权重	0.03475	0.02311	0.01151	−0.01154	−0.02306	−0.03453	1.155
参与度权重	0.02311	0.01537	0.00766	−0.00769	−0.01539	−0.02306	0.770
政府支持权重	0.10579	0.06836	0.03722	−0.03494	−0.06841	−0.10059	3.440
利益差异程度权重	−0.19317	−0.14864	−0.08571	0.10499	0.23962	0.36680	−9.333

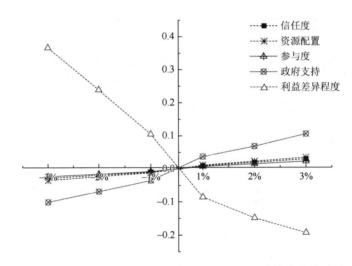

图 5.15　各参数对 2030 年区域协同治理形成程度的变化关系图

　　经研究分析可知，模型行为模式并没因为某一参数的微小变动而出现异常，因此进一步说明模型是可信的，模型可以应用政策实验室进行模拟分析。

　　在这 5 个参数中，信任度、参与度、资源配置、政府支持等 4 个参数的灵敏度斜率为正，而利益差异程度的灵敏度斜率则为负。灵敏度斜率为正值说明参数值的增加将引起 2030 年区域协同治理形成程度的上升，灵敏度斜率为负值则相反。利用灵敏度斜率的正负特性，降低灵敏度斜率为负的参数值，或者提高灵敏度为正的参数值，可以达到促进区域协同治理形成的目的；相反，提高灵敏度斜率为负的参数值，或者降低灵敏度为正的参数值，则可以推迟和阻碍区域协同治理的形成。

　　从图 5.15 可以直观地看出，这些参数对 2030 年区域协同治理形成的影响程度大小（灵敏度斜率绝对值）依次为：利益差异程度、政府支持、资源配置、信任度和参与度。灵敏度斜率绝对值越大，说明参数灵敏性越强，即在改变相同变化率的前提下，改变灵敏度斜率绝对值较大的参数，比改变灵敏度斜率绝对值较小的参数更容易达到影响目的。

利用灵敏度正负特性以及灵敏度斜率绝对值大小特性，可以分析得出促进区域协同治理形成的有效途径依次为：降低地区间利益分配差异程度、加大政府对区域协同治理的支持力度、提高资源配置的合理性、加强地区间的信任度、提升不同主体的参与性。在政策情景模拟中，将利用这一特点进行模拟分析。另外，从表 5.1 和图 5.15 可知，当利益差异程度递减速度提高 1%时，区域协同治理形成程度提高 10.50%。而信任度、资源配置、参与度、政府支持分别增加 1%，则区域协同治理形成程度分别提高 0.99%、1.15%、0.77%、3.72%。

5.4.3　政策情景模拟分析

本节设定了基准情景和不同的政策情景进行对比分析。基准情景即在整个系统中，各参数保持不变，按现有的发展趋势进行模拟；根据上节灵敏度分析，对 5 个控制变量进行政策情景模拟，因篇幅限制，本节就降低地区间利益分配差异程度和加大政府对区域协同治理的支持力度两个方面，进行政策情景模拟分析。通过基准情景与政策情景的结果对比进行政策评价与建议。

1. 基准情景

基准情景中，当前区域大气污染协同治理系统的各个参数保持不变，即保持政策不变，相应的利益差异程度权重设置为 0.36，政府支持权重设置为 0.5，对区域协同治理形成程度及污染程度的未来趋势进行模拟。由预测效果分析部分的研究结果可知，区域协同治理形成程度呈现出前期缓慢蓄力，后期稳定增加的趋势；污染程度呈现出前期微弱增长，中期几乎没有变化，后期明显下降的趋势。两者综合的变化趋势如图 5.16 所示。

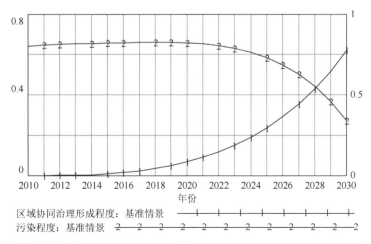

图 5.16　基准情景下区域协同治理形成程度及污染程度变化趋势图

2. 政策情景一：降低地区间利益差异程度

该情景假设地区间利益分配机制等逐步合理，即考虑降低地区间利益差异程度，相应的利益差异程度权重设置为 0.35，而区域大气污染协同治理系统中的其他参数不变，则政策情景一下的区域协同治理形成程度和污染程度，与基准情景的对比情况如图 5.17 所示，部分具体的模拟数据如表 5.2 所示。

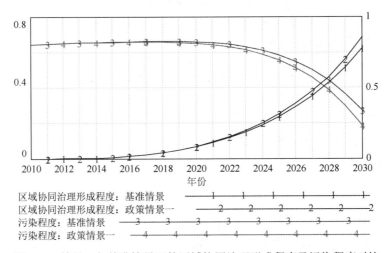

图 5.17　情景一与基准情景下的区域协同治理形成程度及污染程度对比

表 5.2　情景一、情景二与基准情景下的区域协同治理形成程度及污染程度对比

情景	年份	2010	2015	2020	2025	2030
基准情景	区域协同治理形成程度	0	0.0071156	0.0675758	0.236079	0.620559
	污染程度	0.8	0.819866	0.822471	0.729223	0.338595
政策情景一	区域协同治理形成程度	0	0.00720413	0.0697907	0.250536	0.685712
	污染程度	0.8	0.818811	0.813334	0.694116	0.231292
政策情景二	区域协同治理形成程度	0	0.00722232	0.0689998	0.242592	0.643655
	污染程度	0.8	0.819854	0.821342	0.722175	0.311911

2010～2023 年，政策情景一和基准情景的区域协同治理形成程度几乎没有差别；2023 年以后，政策情景一的区域协同治理形成程度比基准情景上升较快，且变化量比基准情景大。其原因主要是在 2010～2023 年，地区之间建立的利益规范机制和协调机制尚不完善，且区域协同治理形成程度是一个状态变量，具有相对

稳定性，因此政策情景一和基准情景的区域协同治理形成程度相差无几。而在2023 年以后，地区之间建立的利益规范机制和协调机制等趋于成熟，降低了地区之间的利益差异程度，增强了地区之间的信任度和合作能力等，因此政策情景一的区域协同治理形成程度增加的幅度相对较大。

政策情景一和基准情景的污染程度变化趋势对比情况分析与上述类似，即在2010～2020 年，政策情景一的污染程度与基准情景相差无几；2020 年以后，政策情景一的污染程度会明显低于基准情景。其原因主要是在 2020 年以前，政策情景一和基准情景的区域协同治理形成程度的变化趋势基本一致，因此政策情景一的污染程度与基准情景相差无几。而在 2020 年以后，区域大气污染协同治理系统逐渐完善，地区间利益差异程度持续降低，因此政策情景一的污染程度降低的幅度相对较大。从长远来看，构建合理的利益分配机制，有助于区域大气污染协同治理系统的稳定发展，进而改善大气污染状况。

3. 政策情景二：加大政府对区域协同治理的支持力度

该情景假设上级及地方政府加大对区域协同治理的支持力度，如提供更多的资金、技术、制度等，相应的政府支持权重设置为 0.51，而区域大气污染协同治理系统中的其他参数不变，则政策情景二下的区域协同治理形成程度及污染程度，与基准情景的对比情况如图 5.18 所示，部分具体的模拟数据如表 5.2 所示。

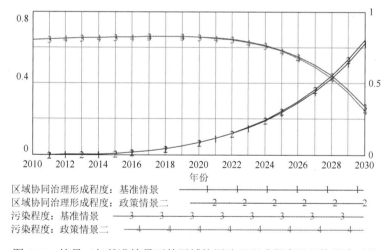

图 5.18　情景二与基准情景下的区域协同治理形成程度及污染程度对比

2010～2025 年，政策情景二的区域协同治理形成程度及污染程度与基准情景相差无几；2025 年以后，政策情景二的区域协同治理形成程度高于基准情景，而污染程度低于基准情景。其原因主要是区域协同治理形成程度是一个状态变量，具有相对稳定性，并且政府支持力度需要间接通过资金、技术、人力的传导，才能够逐渐发挥效果。因此，在2010～2025年，政策情境二与基准情景相差无几。2025年以后，上级及地方政府对区域协同治理的各项支持已全面落实，支撑效果得到充分体现，为区域协同治理的形成提供了强有力的保障和基础平台，进而改善了区域大气污染状况。

5.4.4　结果与讨论

从预测效果分析可以看出，动力形成程度在2010～2014年，处于一个短暂的蓄力状态；在2014～2027年呈逐渐缓慢的增加趋势；在2027～2030年呈快速上升的趋势。支撑力形成程度在2010～2012年处于一个短暂的蓄力状态；2013年以后，呈平稳上升趋势。阻力形成程度在2010～2025年呈逐渐增加的趋势；2025年以后，呈快速下降趋势。区域协同治理形成程度在2010～2016年，处于较为缓慢的蓄力状态，区域协同治理效果还未显现；2016年以后，呈稳定上升趋势。污染程度在2010～2016年，呈微弱增加趋势；在2017～2020年，处于稳定状态；2020年以后，呈明显下降趋势。从综合预测结果可以看出，区域大气污染协同治理需要经历一段时期的积累和蓄力，在不断探索中完善利益均衡机制、资源配置方式，并加强合作信任程度，最终才能够有效地降低大气污染，改善大气环境质量。

从灵敏度分析结果可以看出，影响区域大气污染协同治理的关键影响因素和有效途径依次为：降低地区间利益分配差异程度、加大政府对区域协同治理的支持力度、提高资源配置的合理性、加强地区间的信任度、提升不同主体的参与性。

从政策情景模拟结果可以看出，模型运行前期，基准情景、政策情景一和政策情景二的区域协同治理形成程度及污染程度变化趋势没有明显差异；模型运行后期，政策情景一和政策情景二的区域协同治理形成程度高于基准情景，污染程度低于基准情景。因此，进一步表明降低地区间利益分配差异程度和加大政府对区域协同治理的支持力度，有助于区域大气污染协同治理的形成，改善大气污染状况；但只有通过坚持不懈的积累、调整和完善，才能最终显现出期望的效果。

结合灵敏度分析和政策情景模拟分析，可以得到以下几个方面的启发。

（1）优化生态补偿和利益共享机制。首先，合作收益分配方案从单一标准分配方案向多重标准分配方案转变，如从协同治理大气污染的贡献率、承担风险大小等标准中设计生态补偿方案。其次，设立"晋升"机制，即绿色GDP引领GDP，实现经济和环境可持续发展，达到综合平衡。最后，进行适合区域性的组织创新和建立资源共享机制，即将地区之间的政府、企业、环保组织、民众等组织起来，形成网络治理组织，进行地区之间的物质资源、信息及人才技术共享，从而减少信息沟通成本、协商成本和分配成本等。

（2）加大政府对区域协同治理的支持力度。在现有政策基础上，上级政府加大对区域大气污染协同治理的支持和投入，如制定区域大气污染协同治理相关奖励制度和限定标准，提供一定的治理资金及相关技术条件等；地方政府积极参与大气污染协同治理，并提供相关资源，巩固区域大气污染协同治理的效果，降低大气污染。

（3）改善信任机制。首先，坚持区域经济和环境可持续发展理念，通过互动的基础方式，如交流会等，来加强地区之间的协调沟通，增加信息的透明度，从而增进彼此间的信任。其次，合作收益公平分配是合作信任的物质基础，因此要优化利益机制，进而增强地区之间的信任。最后，基于能力的信任是合作信任的关键，因此要提升区域大气污染协同治理的综合能力，如治污能力、管理能力、整合资源的能力、号召能力等。

第6章 区域大气污染"源头"协同减排的利益均衡研究

第4章基于静态因素分析的视角,得出预期收益对区域大气污染协同治理关系的可持续性具有显著影响,而在第5章基于系统动力学的动态演化趋势分析中,得出优化利益机制是促进区域大气污染协同治理的有效路径。因此,需要进一步探讨区域大气污染协同治理的利益均衡问题。从大气污染防治实践来看,其过程可以分为两个阶段:第一阶段是从"源头"协同削减大气污染物的排放;第二阶段就是对已经排放到大气中("排放后")的污染物进行协同治理。因此,本章针对"源头"协同减排的问题,分析了"绝对"数量、"相对"比例两种协同减排协议,并在此基础上提出了基于经济补偿的协同减排利益分配机制。其中,"绝对"数量与"相对"比例,是指各地区分别以相同数量或以相同的比例削减大气污染物;而经济补偿则是指经济发展较好的地区通过给予经济发展较差的地区足够的货币资金,在保证自身经济发展的同时促进经济欠发达地区积极进行减排的分配方式。

本章的结构安排如下:首先,提出区域大气污染"源头"协同减排的利益博弈关系的基本假设。然后,基于纳什讨价还价理论,分别构建了"绝对"数量和"相对"比例协同减排协议下的博弈模型。在此基础上,设计了基于经济补偿的协同减排利益分配机制,以期实现区域内各个地区的利益均衡。最后,通过对各类模型求解与验证,得出相关结论。

6.1 问题描述与模型假设

经济的增长会耗费大量的能源资源,且当前清洁能源的技术还不足以净化全部的污染物,因此,伴随着经济的增长,大量的污染物会排放到大气中(Kennes et al.,2010)。本章以同一区域内地理位置相连的地区 1 和地区 2 作为研究对象,并假设地区 1 和地区 2 在一定时期内的经济效用分别为 h_1y_1 与 h_2y_2。其中,y_1 和 y_2 分别为地区 1 和地区 2 的大气污染物排放量,用大气污染物的排放量表征能源的消耗量,其值越大表示消耗的能源越多;h_1 和 h_2 为污染排放的价值系数,表示大气污染排放量和经济效用之间的关联程度(Plevin et al.,2015)。同时,经济发展程度不同的地区,能源利用效率也会存在一定差异。经济发达地区的能源利用效率一般会高于经济欠发达地区，因此，相同的大气污染物排放带来的经济效用差别也比较大。显然，如果 h_1 与 h_2 不相等，则表示地区 1 与地区 2 的经济发展程度不同，在能源利用效率上存在差异。进而可假设 $h_1 > h_2$，表示地区 1 为经济发达地区，能源利用效率较高，地区 2 为经济欠发达地区，能源利用效率较低。

由于大气具有流动性的特点，处于同一"空气流域"内的地区 1 和地区 2 排放的大气污染物，会跨越两个地区的行政边界，对对方的环境空气质量造成影响。并且，大气污染不同于水污染，不存在上下游的关系。假设地区 1 大气污染排放产生的环境负效用为 $U_1^e = -y_1^2 - y_1 y_2$，显然 $\dfrac{\partial U_1^e}{\partial y_1} = -2y_1 - y_2$，$\dfrac{\partial U_1^e}{\partial y_2} = -y_1$，表示地区 1 的环境负效用，不仅受到自身大气污染排放量 y_1 的影响，还受到地区 2 大气污染排放量 y_2 的影响。同时，交叉偏导 $\dfrac{\partial U_1^e}{\partial y_1 \partial y_2} = -1$ 表示地区 2 大气污染排放量 y_2 的增加，会加剧地区 1 大气污染排放量 y_1 对本地区的环境影响，这表明地区 1 和地区 2 的大气污染存在交叉影响关系。同样，可假设地区 2 的环境负效用为 $U_2^e = -y_2^2 - y_1 y_2$，其含义与地区 1 类似。

根据上述描述与假设，得到地区 1 和地区 2 大气污染排放的总效用（经济效用和环境负效用之和）分别为 $U_1 = h_1 y_1 - y_1^2 - y_1 y_2$ 和 $U_2 = h_2 y_2 - y_2^2 - y_1 y_2$。如果两个地区没有进行协同减排，将各自按照自身效用最大化决策本地区大气污染的排放数量。地区 1 和地区 2 各自效用最大化的一阶条件分别为

$$\frac{\partial U_1}{\partial y_1} = h_1 - 2y_1 - y_2 = 0 \tag{6.1}$$

$$\frac{\partial U_2}{\partial y_2} = h_2 - 2y_2 - y_1 = 0 \tag{6.2}$$

联立式（6.1）和式（6.2），可以求解得到地区 1 和地区 2 的纳什均衡，即大气污染排放量分别为 $y_1^* = \dfrac{2}{3} h_1 - \dfrac{1}{3} h_2$ 和 $y_2^* = \dfrac{2}{3} h_2 - \dfrac{1}{3} h_1$。

为使理论研究具有实际意义，有大气污染排放量 $y_1^* = \dfrac{2}{3} h_1 - \dfrac{1}{3} h_2 > 0$，$y_2^* = \dfrac{2}{3} h_2 - \dfrac{1}{3} h_1 > 0$，即 $2h_2 > h_1 > h_2 > 0$ 恒成立。

上述大气污染排放结果为非合作博弈纳什均衡，地区 1 和地区 2 都以各自利益最大化为目标，这给环境带来了巨大压力。如果地区 1 和地区 2 能够达成协同减排的协议，虽然减排后双方的经济效用会降低，但考虑环境效用的相互影响性，可能会使得双方的总效用都有所提高。但问题的关键是双方应该达到何种协同减排协议？各自大气污染减排数量应该怎么确定？理论上，两个地区可以达成数量

减排和比例减排两类协同协议（宋飞和付加锋，2012）。数量减排中，要求两个地区都减排一个共同的数量，这体现了"绝对"公平。而在比例减排中，要求两个地区都在原来排放量的基础上按照一个共同比例确定具体的减排数量，这体现了"相对"公平。那么，从利益最大化的角度出发，两个地区是否能够达成"绝对"数量协同减排协议，或者"相对"比例协同减排协议呢？如果都能达成，哪种协同减排协议更有效？如果不能达成，又该如何促使两个地区的协同减排？鉴于上述问题，本章将进一步构建基于合作博弈的纳什讨价还价模型，分别对两类协同减排协议下的减排行为进行深入分析。

6.2 　"绝对"数量协同减排协议下的行为分析

在"绝对"数量协同减排协议中，地区 1 和地区 2 都认同在原有大气污染排放量的基础上，同时减少排放量 Δy。两个地区需要协商的是如何确定合理的 Δy 取值。现实中，双方会通过多次合作谈判来得到最终的 Δy，合作讨价还价模型为 Δy 的确定提供了理论基础（Nash，1950）。在两个地区分别减少大气污染排放量 Δy 的情况下，地区 1 在减排后的总效用为 $U_1^q = h_1(y_1^* - \Delta y) - (y_1^* - \Delta y)^2 - (y_1^* - \Delta y) \cdot (y_2^* - \Delta y)$，而没有减排前的总效用为 $U_1^* = h_1 y_1^* - y_1^{*2} - y_1^* y_2^*$。因此，地区 1 在减排后的总效用增加量为 $U_1^q - U_1^* = h_1(y_1^* - \Delta y) - (y_1^* - \Delta y)^2 - (y_1^* - \Delta y)(y_2^* - \Delta y) - (h_1 y_1^* - y_1^{*2} - y_1^* y_2^*)$。同理，地区 2 在减排后的总效用增加量为 $U_2^q - U_2^* = h_2(y_2^* - \Delta y) - (y_2^* - \Delta y)^2 - (y_1^* - \Delta y)(y_2^* - \Delta y) - (h_2 y_2^* - y_2^{*2} - y_1^* y_2^*)$。按照纳什合作博弈讨价还价理论，$\Delta y$ 的确定可用如下优化模型表示：

$$\max_{\Delta y} U = (U_1^q - U_1^*)(U_2^q - U_2^*)$$

$$= [(h_1(y_1^* - \Delta y) - (y_1^* - \Delta y)^2 - (y_1^* - \Delta y)(y_2^* - \Delta y)) - (h_1 y_1^* - y_1^{*2} - y_1^* y_2^*)]$$

$$\times [(h_2(y_2^* - \Delta y) - (y_2^* - \Delta y)^2 - (y_1^* - \Delta y)(y_2^* - \Delta y)) - (h_2 y_2^* - y_2^{*2} - y_1^* y_2^*)]$$

$$\tag{6.3}$$

$$\text{s.t.} \, U_1^q - U_1^* = (h_1(y_1^* - \Delta y) - (y_1^* - \Delta y)^2 - (y_1^* - \Delta y)(y_2^* - \Delta y)) - (h_1 y_1^* - y_1^{*2} - y_1^* y_2^*) \geqslant 0$$

$$\tag{6.4}$$

$$U_2^q - U_2^* = (h_2(y_2^* - \Delta y) - (y_2^* - \Delta y)^2 - (y_1^* - \Delta y)(y_2^* - \Delta y)) - (h_2 y_2^* - y_2^{*2} - y_1^* y_2^*) \geqslant 0$$

$$\tag{6.5}$$

其中，$y_1^* = \dfrac{2}{3} h_1 - \dfrac{1}{3} h_2$、$y_2^* = \dfrac{2}{3} h_2 - \dfrac{1}{3} h_1$。

在上述优化模型中，式（6.3）是讨价还价目标函数，表示双方以非合作博弈均衡下的效用 U_1^* 和 U_2^* 为讨价还价的起点，通过讨价还价得到"绝对"数量 Δy，使得双方效用的增加值 $(U_1^q - U_1^*)$ 和 $(U_2^q - U_2^*)$ 的乘积最大（Gurnani and Shi，

2006)。不等式约束条件式（6.4）和式（6.5）保证讨价还价得到的"绝对"数量 Δy 可以使双方各自的总效用增加量不小于零。该优化模型为带不等式约束的极值问题，可通过构建如下的拉格朗日函数进行求解：

$$L(\Delta y, \lambda_1, \lambda_2) = -(U_1^q - U_1^*)(U_2^q - U_2^*) - \lambda_1(U_1^q - U_1^*) - \lambda_2(U_2^q - U_2^*) \quad (6.6)$$

拉格朗日函数式（6.6）中，λ_1 和 λ_2 为不小于 0 的拉格朗日乘子。显然上述优化问题为凸规划，最优解应满足如下 K-T 条件：

$$\frac{\partial L(\Delta y, \lambda_1, \lambda_2)}{\partial \Delta y} = 2\Delta y\left(8\Delta y_2 - \Delta y(h_2 + h_1) + \frac{(h_1 - 2h_2)(h_2 - 2h_1)}{3}\right)$$
$$+ \frac{1}{3}\lambda_1 \Delta y(2h_1 - h_2 - 6\Delta y) - \frac{1}{3}\lambda_2 \Delta y(h_1 - 2h_2 + 6\Delta y) = 0 \quad (6.7)$$

$$\lambda_1\left(\frac{2}{3}h_1\Delta y - \frac{1}{3}h_2\Delta y - 2\Delta y^2\right) = 0 \quad (6.8)$$

$$\lambda_2\left(\frac{2}{3}h_2\Delta y - \frac{1}{3}h_1\Delta y + 2\Delta y^2\right) = 0 \quad (6.9)$$

$$\frac{2}{3}h_1\Delta y - \frac{1}{3}h_2\Delta y - 2\Delta y^2 \geqslant 0 \quad (6.10)$$

$$\frac{2}{3}h_2\Delta y - \frac{1}{3}h_1\Delta y + 2\Delta y^2 \geqslant 0 \quad (6.11)$$

$$\lambda_1, \lambda_2 \geqslant 0 \quad (6.12)$$

上述 K-T 条件中，在式（6.10）和式（6.11）成立的情况下，要保证式（6.8）与式（6.9）成立，必然有 $\lambda_1 = 0$，$\lambda_2 = 0$ 或 $\frac{2}{3}h_1\Delta y - \frac{1}{3}h_2\Delta y - 2\Delta y^2 = 0$，$\frac{2}{3}h_2\Delta y - \frac{1}{3}h_1\Delta y + 2\Delta y^2 = 0$。进而将 $\lambda_1 = 0$，$\lambda_2 = 0$ 和 $\frac{2}{3}h_1\Delta y - \frac{1}{3}h_2\Delta y - 2\Delta y^2 = 0$，$\frac{2}{3}h_2\Delta y - \frac{1}{3}h_1\Delta y + 2\Delta y^2 = 0$ 分别代入约束条件式（6.7）中并求解优化问题的最优解。当将 $\frac{2}{3}h_1\Delta y - \frac{1}{3}h_2\Delta y - 2\Delta y^2 = 0$ 和 $\frac{2}{3}h_2\Delta y - \frac{1}{3}h_1\Delta y + 2\Delta y^2 = 0$ 代入约束条件式（6.7）中求解时无解，省略这一情况。进而将 $\lambda_1 = 0$，$\lambda_2 = 0$ 代入式（6.7）求解，得到上述优化问题的解为

$$\Delta y = 0 \quad (6.13)$$

结论 6.1：两个地区按照"绝对"数量协同减排协议进行讨价还价得到的大气污染减排量 $\Delta y = 0$，因此"绝对"数量减排协议不能实现双方协同减排。

结论 6.1 表明，当两个地区以"绝对"数量进行协同减排时，由于地区 1 的经济发展状况较好，能源利用效率高，大气污染排放带来的经济效用较大。如果双方以相同的"绝对"数量削减大气污染的排放，会使地区 1 承受更多的经济损

失。这样对于地区 1 来说，看似公平的"绝对"数量协同减排协议，实际上并不公平。因此，"绝对"数量协同减排协议，不能够引导能源利用效率不同的地区实现区域大气污染的协同减排。

6.3　"相对"比例协同减排协议下的行为分析

在"相对"比例协同减排协议中，地区 1 和地区 2 都认同在原有大气污染排放量的基础上，以 δ 的比例进行减排，并且两个地区会通过多次合作谈判来确定最终的减排比例 δ。在两个地区分别按照比例 δ 减少大气污染排放的情况下，地区 1 减排后的总效用为 $U_1^{\delta} = h_1(1-\delta)y_1^* - (1-\delta)^2 y_1^{*2} - (1-\delta)^2 y_1^* y_2^*$，而没有减排前的总效用为 $U_1^* = h_1 y_1^* - y_1^{*2} - y_1^* y_2^*$。因此，地区 1 在减排后的总效用增加量为 $U_1^{\delta} - U_1^* = (h_1(1-\delta)y_1^* - (1-\delta)^2 y_1^{*2} - (1-\delta)^2 y_1^* y_2^*) - (h_1 y_1^* - y_1^{*2} - y_1^* y_2^*)$。同理，地区 2 在减排后的总效用增加量为 $U_2^{\delta} - U_2^* = (h_2(1-\delta)y_2^* - (1-\delta)^2 y_2^{*2} - (1-\delta)^2 y_1^* y_2^*) - (h_2 y_2^* - y_2^{*2} - y_1^* y_2^*)$。按照纳什合作博弈讨价还价理论，$\delta$ 的确定可用如下优化模型表示：

$$\max_{\delta} U = (U_1^{\delta} - U_1^*)(U_2^{\delta} - U_2^*)$$

$$= [h_1(1-\delta)y_1^* - (1-\delta)^2 y_1^{*2} - (1-\delta)^2 y_1^* y_2^* - (h_1 y_1^* - y_1^{*2} - y_1^* y_2^*)]$$

$$\times [(h_2(1-\delta)y_2^* - (1-\delta)^2 y_2^{*2} - (1-\delta)^2 y_1^* y_2^*) - (h_2 y_2^* - y_2^{*2} - y_1^* y_2^*)]$$

$$(6.14)$$

$$\text{s.t.} (h_1(1-\delta)y_1^* - (1-\delta)^2 y_1^{*2} - (1-\delta)^2 y_1^* y_2^*) - (h_1 y_1^* - y_1^{*2} - y_1^* y_2^*) \geqslant 0 \quad (6.15)$$

$$(h_2(1-\delta)y_2^* - (1-\delta)^2 y_2^{*2} - (1-\delta)^2 y_1^* y_2^*) - (h_2 y_2^* - y_2^{*2} - y_1^* y_2^*) \geqslant 0 \quad (6.16)$$

式（6.14）～式（6.16）的含义与式（6.3）～式（6.5）类似，这里不再赘述。该优化模型也是一个包含不等式约束的极值问题，因此可通过构建如下拉格朗日函数进行求解：

$$L(\delta, \lambda_1, \lambda_2) = -(U_1^{\delta} - U_1^*)(U_2^{\delta} - U_2^*) - \lambda_3(U_1^{\delta} - U_1^*) - \lambda_4(U_2^{\delta} - U_2^*) \quad (6.17)$$

参考 6.2 节的求解过程，由 K-T 条件可求得

$$\delta = 0 \quad (6.18)$$

结论 6.2：两个地区按照"相对"比例协同减排协议进行讨价还价得到的大气污染减排比例 $\delta = 0$，因此"相对"比例减排协议也不能实现双方协同减排。

结论 6.2 表明，地区 2 能源利用效率较低，大气污染排放带来的经济价值也较低。如果要实现相同的经济增长水平，地区 2 需要消耗的能源数量和大气污染排放量会明显高于地区 1。因此，以相同的减排比例 δ 削减大气污染排放量，地区 2 的实际减排数量会明显高于地区 1。同时，削减大气污染排放造成的经济损

失难以从环境效用中得到弥补,会使地区 2 感受到协同减排协议有失公平。因此,"相对"比例减排协议也不能引导两个地区实现区域大气污染的协同减排。

6.4　基于经济补偿的协同减排利益分配机制

上述研究表明,两个地区无论是按照"绝对"数量减排协议,还是按照"相对"比例减排协议,都无法达成区域大气污染"源头"协同减排。究其原因是,两个地区大气污染物排放产生的经济效用存在差异。经济发达地区能源利用效率高,大气污染物排放的经济效用较高,如果按照"绝对"数量减排,其经济损失较大。而经济欠发达地区能源利用效率低,如果按照相同比例减排,其减排的大气污染物数量要更多一些。因此,"绝对"数量减排协议和"相对"比例减排协议都存在不公平之处,无法促使两个地区达成协同减排。

既然大气污染排放的经济效用差异是两个地区无法达成协同减排的根源,那么是否可以从经济补偿的角度来考虑协同减排?例如,在双方协同减排中,经济发达地区给予经济欠发达地区一定的经济补偿,来激励经济欠发达地区减排。直观上,只要经济欠发达地区通过减排,给经济发达地区带来的环境效用大于其支付的经济补偿金额,那么对经济发达地区而言,这种经济补偿机制就是有效的。反之,经济欠发达地区如果在减排后的环境效用和获得的经济补偿总和大于其减排的经济损失,则这种经济补偿机制也是有效的。按照这种思路进行协同减排,问题的关键则是两个地区要对经济补偿的金额和减排的数量进行讨价还价博弈。

为了进一步分析这种协同减排的可行性,假设地区 1 给予地区 2 的经济补偿金额为 w,同时地区 2 承诺的大气污染减排量为 Δy^w。地区 1 给予经济补偿后的总效用为 $U_1^w = h_1 y_1^* - w - y_1^{*2} - y_1^*(y_2^* - \Delta y^w)$,未给予经济补偿前的总效用为 $U_1^* = h_1 y_1^* - y_1^{*2} - y_1^* y_2^*$。因此,地区 1 的总效用增加量为 $U_1^w - U_1^* = h_1 y_1^* - w - y_1^{*2} - y_1^*(y_2^* - \Delta y^w) - (h_1 y_1^* - y_1^{*2} - y_1^* y_2^*)$。同理,地区 2 的总效用增加量为 $U_2^w - U_2^* = h_2(y_2^* - \Delta y^w) - (y_2^* - \Delta y^w)^2 - y_1^*(y_2^* - \Delta y^w) + w - (h_2 y_2^* - y_2^{*2} - y_1^* y_2^*)$。按照纳什合作博弈讨价还价理论,经济补偿金额 w 和大气污染减排量 Δy^w 的确定可用如下优化模型表示:

$$\max_w U = (U_1^w - U_1^*)(U_2^w - U_2^*)$$

$$= [h_1 y_1^* - w - y_1^{*2} - y_1^*(y_2^* - \Delta y^w) - (h_1 y_1^* - y_1^{*2} - y_1^* y_2^*)]$$

$$\times [(h_2(y_2^* - \Delta y^w) - (y_2^* - \Delta y^w)^2 - y_1^*(y_2^* - \Delta y^w) + w) - (h_2 y_2^* - y_2^{*2} - y_1^* y_2^*)]$$

$$(6.19)$$

$$\text{s.t.} \ U_1^w - U_1^* = h_1 y_1^* - w - y_1^{*2} - y_1^*(y_2^* - \Delta y^w) - (h_1 y_1^* - y_1^{*2} - y_1^* y_2^*) \geqslant 0$$

$$(6.20)$$

$$U_2^w - U_2^* = (h_2(y_2^* - \Delta y^w) - (y_2^* - \Delta y^w)^2 - y_1^*(y_2^* - \Delta y^w) + w) - (h_2 y_2^* - y_2^{*2} - y_1^* y_2^*) \geqslant 0$$

$$(6.21)$$

在上述优化问题中，式（6.19）是讨价还价的目标函数，不等式约束条件式（6.20）和式（6.21）保证双方各自总效用的增加值不小于零。该优化模型是带不等式约束的极值问题，可构建如下拉格朗日函数进行求解：

$$L(w, \lambda_5, \lambda_6) = -(U_1^w - U_1^*)(U_2^w - U_2^*) - \lambda_5(U_1^w - U_1^*) - \lambda_6(U_2^w - U_2^*) \quad (6.22)$$

其中，λ_5 和 λ_6 为不小于零的拉格朗日乘子，显然式（6.22）是一个凸规划问题。由于求解过程与前文类似，不再赘述。通过 K-T 条件可以得到最优的经济补偿金额：

$$w = \frac{1}{24}(2h_1 - h_2)^2 \quad (6.23)$$

将式（6.23）代入地区 1 的总效用函数 U_1^w 中，可以求出地区 1 期望地区 2 进行大气污染减排的最优数量 $\Delta y_1^{w^*}$。因此，地区 1 的总效用函数可以重新表述为 $U_1^{\Delta y_1^{w^*}} = \frac{2}{3}\left(h_1 - \frac{1}{2}h_2\right)\left(\frac{5}{12}h_1 - \frac{5}{24}h_2 + \Delta y_1^w\right)$，其总效用最大化的一阶条件为 $\Delta y_1^w - \frac{1}{3}h_1 + \frac{1}{6}h_2 = 0$，进而由一阶条件得到地区 1 期望地区 2 实现的最优大气污染减排量为

$$\Delta y_1^{w^*} = \frac{1}{3}h_1 - \frac{1}{6}h_2 \quad (6.24)$$

同样，将式 $w = \frac{1}{24}(2h_1 - h_2)^2$ 代入地区 2 的总效用函数 U_2^w 中，可以得到经济补偿金额 w 条件下，地区 2 使自身总效用最大化的最优减排量 $\Delta y_2^{w^*}$。因此，地区 2 的总效用函数可以重新表述为 $U_2^{\Delta y_2^{w^*}} = \frac{5}{18}h_1^2 + \frac{35}{72}h_2^2 - \frac{11}{18}h_1 h_2 - (\Delta y_2^w)^2$，进一步可以得到地区 2 自愿削减的最优减排量为

$$\Delta y_2^{w^*} = \frac{1}{3}h_1 - \frac{1}{6}h_2 \quad (6.25)$$

通过地区 1 期望的最优减排量 $\Delta y_1^{w^*} = \frac{1}{3}h_1 - \frac{1}{6}h_2$ 与地区 2 自愿削减的最优减排量 $\Delta y_2^{w^*} = \frac{1}{3}h_1 - \frac{1}{6}h_2$ 比较可知，$\Delta y_1^{w^*} = \Delta y_2^{w^*}$。同时，$2h_2 > h_1 > h_2 > 0$ 恒成立，因此有 $\Delta y_1^{w^*} = \Delta y_2^{w^*} > 0$。由此可以得到结论 6.3。

结论 6.3：在基于经济补偿的协同减排协议中，两个地区最终确定的经济补偿金额为 $w = \frac{1}{24}(2h_1 - h_2)^2$，双方都认可的减排量为 $\Delta y_1^{w^*} = \Delta y_2^{w^*} = \frac{1}{3}h_1 - \frac{1}{6}h_2 > 0$，即均衡减排量 Δy^{w^*}。因此，经济补偿机制能够引导两个地区实现协同减排，并达到利益均衡。

结论 6.3 表明，两个地区通过重复谈判确定经济补偿金额 w 之后，能够获得使各自总效用最大化的均衡减排量 Δy^{w^*}。这是因为地区 1 的经济补偿，使地区 2 能够弥补削减大气污染排放所造成的经济损失，并且大气污染的减少还会带来环境正效用，从而使地区 2 在减排之后的总效用 $U_2^{\Delta y_2^{w^*}}$ 大于未减排前的总效用 U_2^*。因此，地区 2 基于自身收益最大化的考虑，会接受基于经济补偿的协同减排协议。同样，在该协议下，地区 1 能够获得大气污染排放的权限，在保持自身经济增长的同时兼顾环境空气质量的改善，从而使自身减排之后的总效用 $U_1^{\Delta y_1^{w^*}}$ 大于未减排前的总效用 U_1^*。

下面分析两个地区的污染排放价值系数 h_1 与 h_2，对均衡减排量 Δy^{w^*} 和经济补偿金额 w 的影响。对 Δy^{w^*} 求关于 h_1 的一阶偏导，可以得到 $\frac{\partial \Delta y^{w^*}}{\partial h_1} = \frac{1}{3} > 0$，对 Δy^{w^*} 求关于 h_2 的一阶偏导，可以得到 $\frac{\partial \Delta y^{w^*}}{\partial h_2} = -\frac{1}{6} < 0$，且 $\frac{\partial \Delta y^{w^*}}{\partial h_1} > \left| \frac{\partial \Delta y^{w^*}}{\partial h_2} \right|$。同时，对 w 求关于 h_1 的一阶偏导，可以得到 $\frac{\partial w}{\partial h_1} = \frac{1}{3}\left(h_1 - \frac{1}{2}h_2\right) > 0$，对 w 求关于 h_2 的一阶偏导，可以得到 $\frac{\partial w}{\partial h_2} = \frac{1}{6}\left(\frac{1}{2}h_2 - h_1\right) < 0$，并且 $\frac{\partial w}{\partial h_1} > \left| \frac{\partial w}{\partial h_2} \right|$。由此，可以得到结论 6.4。

结论 6.4：均衡减排量 Δy^{w^*} 与经济补偿金额 w 均随着地区 1 污染排放价值系数 h_1 的增加而增长，随着地区 2 污染排放价值系数 h_2 的增加而减少；但总体来看，价值系数 h_1 和 h_2 的同步增加，会提高均衡减排量 Δy^{w^*} 与经济补偿金额 w。

结论 6.4 表明，在基于经济补偿的协同减排协议下，污染排放价值系数的增加，最终会促进均衡减排量 Δy^{w^*} 的增长。这是因为，随着经济的发展，地区 1 的能源利用效率提高，大气污染排放的经济效用增大，为使本地区的发展不受环境压力的限制会要求更多的大气污染排放权限，因此就会加大对地区 2 的经济补偿金额 w，从而使地区 2 减少更多的大气污染排放量。另外，从地区 2 单一方面来看，它基于自身利益的考虑，污染排放价值系数的增加，会导致均衡减排量 Δy^{w^*}

的减小。但是，只要地区 1 给予的经济补偿金额足够大，加上地区 2 自身减排带来的环境正效用，两者相加仍然高于自身大气污染排放带来的总效用，因此地区 2 会继续减少大气污染排放的数量。

然后，进一步分析两个地区的污染排放价值系数 h_1 和 h_2，对两个地区的总效用增加量 $U_1^w - U_1^*$ 和 $U_2^w - U_2^*$ 的影响。将 $\Delta y^{w^*} = \dfrac{1}{3}h_1 - \dfrac{1}{6}h_2$ 与 $w = \dfrac{1}{24}(2h_1 - h_2)^2$ 代入地区 1 的总效用增加量 $U_1^w - U_1^*$ 中，可以得到 $U_1^w - U_1^* = \dfrac{1}{18}\left(h_1 - \dfrac{1}{2}h_2\right)^2 > 0$。同理，可以得到地区 2 的总效用增加量 $U_2^w - U_2^* = \dfrac{1}{18}\left(h_1 - \dfrac{1}{2}h_2\right)^2 > 0$。显然，地区 1 与地区 2 的总效用增加量相等。

对 $U_1^w - U_1^*$ 分别求关于 h_1 与 h_2 的一阶偏导，可以得到 $\dfrac{\partial(U_1^w - U_1^*)}{\partial h_1} = \dfrac{1}{9}h_1 - \dfrac{1}{18}h_2 > 0$，$\dfrac{\partial(U_1^w - U_1^*)}{\partial h_2} = \dfrac{1}{36}h_2 - \dfrac{1}{18}h_1 < 0$，且 $\dfrac{\partial(U_1^w - U_1^*)}{\partial h_1} > \left|\dfrac{\partial(U_1^w - U_1^*)}{\partial h_2}\right|$。由于地区 2 的总效用增加量与地区 1 相同，因此对 $U_2^w - U_2^*$ 求关于 h_1 与 h_2 的一阶偏导，也与地区 1 相同。由此，可以得到如下结论 6.5。

结论 6.5：在基于经济补偿的协同减排协议下，地区 1 与地区 2 的总效用增加量 $U_1^w - U_1^*$ 与 $U_2^w - U_2^*$ 相同，且都会随着地区 1 污染排放价值系数 h_1 的增加而增长，随着地区 2 污染排放价值系数 h_2 的增加而减少。同时，价值系数 h_1 和 h_2 的同步增加，会提高两个地区的总效用增加量。

结论 6.5 表明，基于经济补偿的协同减排协议是有效的，因为地区 1 与地区 2 的总效用增加量 $U_1^w - U_1^*$ 与 $U_2^w - U_2^*$ 都大于零。总体来看，两个地区污染排放价值系数的同步增加，最终会使两个地区的总效用增加量增长。但分开来看，地区 2 污染排放价值系数的增加，会使总效用增加量减少。这是因为随着地区 2 的经济发展，能源利用效率提高，其大气污染排放所带来的经济效用会增大，如果地区 1 由于自身经济发展较缓或停滞，不能够给予地区 2 足够的经济补偿金额，地区 2 就会基于自身利益的考虑，增加大气污染排放的数量，从而使整个环境的负效用增加，导致协同减排获得的总效用增加量减少。

下面，进一步分析两个地区的污染排放价值系数 h_1 与 h_2 对环境效用的影响。将均衡减排量 $\Delta y^{w^*} = \dfrac{1}{3}h_1 - \dfrac{1}{6}h_2$，分别代入地区 1 与地区 2 的环境负效用中，可以得到 $U_1^E = -\left(\dfrac{1}{3}h_1 h_2 - \dfrac{1}{6}h_2\right)$ 与 $U_2^E = -\left(\dfrac{5}{12}h_2^2 - \dfrac{1}{3}h_1 h_2\right)$。两个地区的环境效用增加量

分别为 $U_1^E - U_1^e = \frac{1}{18}(2h_1 - h_2)^2 > 0$ 和 $U_2^E - U_2^e = -\frac{1}{36}[(4h_2 - 2h_1)^2 - 9h_2^2] > 0$。对

$U_1^E - U_1^e = \frac{1}{18}(2h_1 - h_2)^2$ 分别求关于 h_1 与 h_2 的一阶偏导，可以得到

$\frac{\partial(U_1^E - U_1^e)}{\partial h_1} = \frac{4}{9}h_1 - \frac{2}{9}h_2 > 0$，$\frac{\partial(U_1^E - U_1^e)}{\partial h_2} = \frac{1}{9}h_2 - \frac{2}{9}h_1 < 0$。同理，可以得到

$\frac{\partial(U_2^E - U_2^e)}{\partial h_2} = \frac{4}{9}h_1 - \frac{7}{18}h_2 > 0$，$\frac{\partial(U_2^E - U_2^e)}{\partial h_1} = \frac{4}{9}h_2 - \frac{2}{9}h_1 > 0$。由此，可以得到结论 6.6。

结论 6.6：地区 1 环境效用的增加量 $U_1^E - U_1^e$ 会随着本地区污染排放价值系数 h_1 的增加而增长，随着地区 2 污染排放价值系数 h_2 的增加而减少。地区 2 环境效用的增加量 $U_2^E - U_2^e$ 会随着两个地区污染排放价值系数 h_1 和 h_2 的增加而增长。

结论 6.6 表明，基于经济补偿的协同减排协议能够有效减少大气污染的排放，因为地区 1 与地区 2 的环境效用增加量均为正值。地区 1 通过给予地区 2 一定的经济补偿，获得大气污染排放的权限，在保证自身经济发展的同时促进地区 2 积极地进行减排。从整个区域角度来看，减少了大气污染的排放，改善了整个区域的环境空气质量，给地区 2 带来了环境正效用。但如果地区 1 没有给予地区 2 足够的经济补偿金额，地区 2 就会因自身污染排放价值系数 h_2 的增加，而加大大气污染的排放量，从而使地区 1 的环境效用增加量减少，甚至出现负增长。对于地区 2 来说，尽管随着本地区的发展，能源资源利用效率的提高，继续大量削减大气污染的排放，会导致经济受损，但是，只要地区 1 给予地区 2 的经济补偿金额足够大，地区 2 在保持本地区环境向好的同时能够保证总效用增大，就会继续减少大气污染的排放量。

6.5　算例验证

本节将通过仿真算例，对模型求解结果和相关结论进行验证。依据前文分析，污染排放价值系数 h_1 与 h_2 是影响区域大气污染协同减排模型各种结果的重要因素。因此，本节将 h_1 与 h_2 作为研究变量，并假设 $0.3 < h_1 < 0.4$，$0.2 < h_2 < 0.3$，同时满足约束 $2h_2 > h_1 > h_2$，利用 Maple15 进行数值模拟。

（1）验证两个地区的污染排放价值系数 h_1 与 h_2 对均衡减排量 Δy^{w^*} 和最优经济补偿金额 w 的影响。将上述参数输入 Maple15 中，并分别绘制 h_1 与 h_2 对 Δy^{w^*} 与 w 的影响关系图，如图 6.1 和图 6.2 所示。

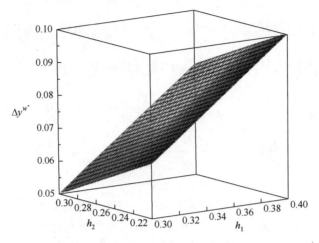

图 6.1　h_1 与 h_2 对均衡减排量 Δy^{w^*} 的影响

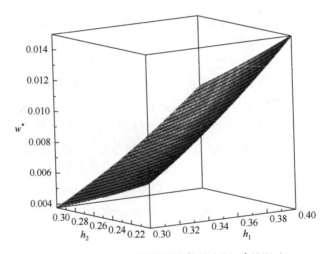

图 6.2　h_1 与 h_2 对最优经济补偿金额 w^* 的影响

从图 6.1 可以看出,随着地区 1 污染排放价值系数 h_1 的增加,均衡减排量 Δy^{w^*} 不断增长;随着地区 2 污染排放价值系数 h_2 的增加, 均衡减排量 Δy^{w^*} 不断降低; 但由 h_1 引起的增长斜率,明显大于由 h_2 引起的降低斜率,因此均衡减排量 Δy^{w^*} 整体上仍然呈上升趋势。图 6.2 反映的最优经济补偿金额 w^* 的变化趋势与图 6.1 基本相同。可以看出,数值模拟结果与结论 6.4 保持一致。

由于地区 1 与地区 2 的总效用增加量相等,在对两个地区总效用增加量进行算例分析时,只对地区 1 进行演示。利用 Maple15 进行数值和图形模拟,直观分析 h_1 与 h_2 对地区 1 总效用增加量 $U_1^{w^*} - U_1^*$(或地区 2 总效用增加量 $U_2^{w^*} - U_2^*$)的影响,如图 6.3 所示。

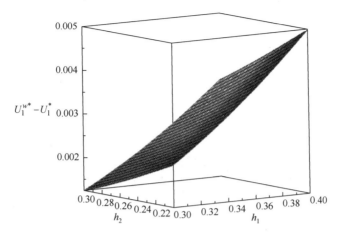

图 6.3　h_1 与 h_2 对总效用增加值 $U_1^{w^*}-U_1^*$ 的影响

从图 6.3 可以看出，随着地区 1 污染排放价值系数 h_1 的增加，地区 1 的总效用增长量 $U_1^{w^*}-U_1^*$ 不断增长；随着地区 2 污染排放价值系数 h_2 的增加，地区 1 的总效用增长量 $U_1^{w^*}-U_1^*$ 不断降低；但由 h_1 引起的增长斜率，明显大于由 h_2 引起的降低斜率，因此总效用增长量整体上仍然呈上升趋势。并且，总效用增加量始终保持为正值，这表明基于经济补偿的协同减排协议是有效的。地区 2 的总效用增加量 $U_2^{w^*}-U_2^*$ 与地区 1 一致，在此不再单独分析，可以看出，数值模拟结果与结论 6.5 保持一致。

（2）验证污染排放价值系数 h_1 与 h_2 对地区 1 环境效用增加量 $U_1^{E^*}-U_1^{e^*}$ 和地区 2 环境效用增加量 $U_2^{E^*}-U_2^{e^*}$ 的影响，如图 6.4 与图 6.5 所示。

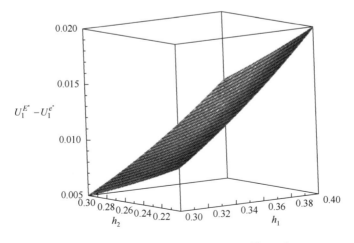

图 6.4　h_1 与 h_2 对地区 1 环境效用增加量 $U_1^{E^*}-U_1^{e^*}$ 的影响

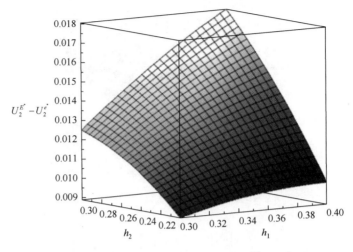

图 6.5　h_1 与 h_2 对地区 2 环境效用增加量 $U_2^{E^*} - U_2^{e^*}$ 的影响

　　从图 6.4 可以看出，在满足约束 $2h_2 > h_1 > h_2$ 内，随着地区 1 污染排放价值系数 h_1 的增加，地区 1 的环境效用增加量 $U_1^{E^*} - U_1^{e^*}$ 不断增长；随着地区 2 污染排放价值系数 h_2 的增加，地区 1 的环境效用增长量 $U_1^{E^*} - U_1^{e^*}$ 不断降低。从图 6.5 可以看出，地区 2 的环境效用增加量 $U_2^{E^*} - U_2^{e^*}$ 会随着两个地区污染排放价值系数 h_1 和 h_2 的增加而不断增长。因此，数值模拟结果与结论 6.6 保持一致。

第7章　区域大气污染"排放后"协同治理的利益均衡研究

第6章在区域大气污染"源头"协同减排过程中，设计了基于经济补偿的利益分配机制，实现了区域内不同地区的利益均衡。各个地区达成协同减排协议之后，能够在污染源头有效控制大气污染物的排放，但是现有的技术条件不可能实现绝对的"零排放"，因此对于已经排放到大气中的污染物需要进一步协同治理，以使大气环境质量得到进一步的改善。本章针对区域大气污染"排放后"协同治理的利益均衡优化问题，在考虑环境溢出效应的基础上，基于委托代理理论，分析了"差异化"和"同质化"两种财政激励机制对区域大气污染协同治理的促进效果。其中，"差异化"财政激励是指中央政府对两个地区采取不同的财政激励力度，而"同质化"财政激励则是指中央政府对两个地区采取相同的财政激励力度。

本章的结构安排如下：首先，提出区域大气污染"排放后"协同治理的利益博弈关系的基本假设。然后，基于委托代理理论，分别构建了"差异化"和"同质化"财政激励机制下的协同治理博弈模型。在此基础上，对比分析了两种财政激励机制的有效性。最后，通过对各类模型的求解与验证，得出相关结论。

7.1　问题描述与模型假设

经济增长会耗费大量的能源资源，能源消耗在带来经济效益的同时会使污染物排放到大气中。若不及时地去除大气中的污染物，则会导致诸如酸雨、雾霾等污染天气的出现，这不仅影响人民的健康生活，也会导致工业、农业、畜牧业、旅游业等方面的经济损失。

随着财政分权改革的推进，管理权限逐渐向地方政府下放，中央政府委托地方政府对辖区内各项事务进行管理（如经济发展、环境治理、医疗卫生、社会秩序、公共物资供给等）。同时，通过财政激励与政绩考核，中央政府对地方政府的行为决策施加了激励和约束，从而促使其贯彻中央政府的政策方针，由此便形成了中央政府与地方政府之间的委托-代理关系。因此，假设中央政府委托同一"空气流域"内的地区1与地区2从事区域大气污染物协同治理的任务。地区1与地区2分别付出 e_1 与 e_2 的努力水平，协同进行大气污染的治理。e_1 与 e_2 的值越大则表示两个地区进行大气污染协同治理的程度越高，去除污染物的数量越多。依据委托代理理论，以线性函数的形式，表示地区 1 和地区 2 协同治理的产出（即大气污染物的去除量），分别为 $q_1 = e_1 + \varepsilon_1$ 和 $q_2 = e_2 + \varepsilon_2$，其中，$\varepsilon_1$ 和 ε_2 表示诸如风向、湿度、温度等不可控的自然因素，会对两个地区治理大气污染的产出造成不确定影响，且 ε_1 和 ε_2 服从 $N \sim (0, \sigma^2)$ 的正态分布。同时，地区 1 和地区 2 协同进行大气污染治理，会占用本地区政府的财政资金，如需要协同投入资金，用于研发净化空气中大气污染物的技术、协同建造净化林等。假设两个地区的大气污染协同治理成本分别为 $c_1 e_1^2$ 与 $c_2 e_2^2$，其中，c_1 和 c_2 为两个地区大气污染协同治理的成本系数，c_1 和 c_2 越大则表明单位努力水平越高，大气污染协同治理的边际成本就越大，且 $0 < c_1 < 1$，$0 < c_2 < 1$。

由于大气污染具有流动性与扩散性的特征，地区 1 和地区 2 在治理本地区大气污染的同时会产生一种环境溢出效应，直接影响对方大气污染治理的产出。但是，不同地区的地理特征不可能完全相同，会导致地区之间的环境溢出率存在一定差异。因此，假设地区 1 大气污染物协同治理产生的环境溢出效应为 $k_1 e_1$，地区 2 大气污染物协同治理产生的环境溢出效应为 $k_2 e_2$。其中，k_1 和 k_2 代表地区 1 和地区 2 大气污染协同治理的环境溢出率，k_1 和 k_2 越大则表明单位努力水平越高，两个地区大气污染协同治理的边际溢出效应就越大。因此，可以将地区 1 和地区 2 大气污染协同治理的产出进一步表述为 $q_1 = e_1 + k_2 e_2 + \varepsilon_1$，$q_2 = e_2 + k_1 e_1 + \varepsilon_2$，其中 $0 < k_1 < 1$，$0 < k_2 < 1$。

另外，中央政府的收益取决于地区 1 和地区 2 大气污染协同治理的产出。为了便于研究，将其直观化表示为 $\pi_z = q_1 + q_2$。两个地区进行大气污染的协同治理，投入了大量的地区财政资金，同时也会占用各个地区的人力资源，显然会在一定程度上影响本地区的经济发展。因此，中央政府可以采取"差异化"或"同质化"两种财政激励方式，确保地区 1 和地区 2 能够长效稳定的进行大气污染协同治理。其中，"差异化"的财政激励，是指地区 1 和地区 2 分别获得 $w_1 = \alpha q_1 + F_1$ 和 $w_2 = \beta q_2 + F_2$ 的财政补贴，其中，α 和 β 为财政激励系数，α 和 β 越大则表明大气污染协同治理的单位产出越高，中央政府积给予的财政激励也就越大，且 $\alpha > 0$，$\beta > 0$；F_1 和 F_2 为中央政府给予两个地区大气污染协同治理的固定资金。"同质化"的财政激励，是指地区 1 和地区 2 分别获得 $w_1 = \varpi q_1 + F_1$ 和 $w_2 = \varpi q_2 + F_2$ 的财政补贴，其中，ϖ 为财政激励系数，且 $\varpi > 0$。

7.2　协同治理的"差异化"激励机制

中央政府通过设定不同的财政激励系数，来激励地区 1 和地区 2 进行大气污染的协同治理。由于地区 1 和地区 2 协同治理大气污染的产出,除了受努力水平 e_1 与 e_2 影响外,还受不可控的自然因素 ε_1 和 ε_2 的影响,中央政府可以观测到两个地区大气污染协同治理的产出,但很难从产出的大小来准确判断地区 1 和地区 2 协同治理大气污染的努力程度,这属于典型的隐藏行动的道德风险问题。假设中央政府给予地区 1 和地区 2 的财政补贴分别为 $w_1 = \alpha(e_1 + k_2 e_2 + \varepsilon_1) + F_1$ 和 $w_2 = \beta(e_2 + k_1 e_1 + \varepsilon_2) + F_2$,则两个地区协同治理大气污染物所获得的经济收益分别为 $\pi_1 = \alpha(e_1 + k_2 e_2 + \varepsilon_1) + F_1 - c_1 e_1^2$ 与 $\pi_2 = \beta(e_2 + k_1 e_1 + \varepsilon_2) + F_2 - c_2 e_2^2$。同时,考虑中央政府与地区 1 和地区 2 都是风险中性的,两个地区所获得的期望经济收益可以表示为 $E\pi_1 = \alpha(e_1 + k_2 e_2) + F_1 - c_1 e_1^2$ 和 $E\pi_2 = \beta(e_2 + k_1 e_1) + F_2 - c_2 e_2^2$;中央政府的期望收益可以表示为 $E\pi_z = (1-\alpha)(e_1 + k_2 e_2) + (1-\beta)(e_2 + k_1 e_1) - (F_1 + F_2)$。

为保证激励机制的有效性,在实现中央政府期望收益最大化的同时,需要满足地区 1 和地区 2 的激励相容约束与激励参与约束,由此可得到如下优化模型:

$$\max_{\alpha,\beta,F_1,F_2} E\pi_z = (1-\alpha)(e_1 + k_2 e_2) + (1-\beta)(e_2 + k_1 e_1) - (F_1 + F_2) \quad (7.1)$$

$$\text{s.t. } \alpha(e_1 + k_2 e_2) + F_1 - c_1 e_1^2 \geqslant 0 \quad (7.2)$$

$$\beta(e_2 + k_1 e_1) + F_2 - c_2 e_2^2 \geqslant 0 \quad (7.3)$$

$$\frac{\partial E\pi_1}{\partial e_1} = \alpha - 2c_1 e_1 = 0 \quad (7.4)$$

$$\frac{\partial E\pi_2}{\partial e_2} = \beta - 2c_2 e_2 = 0 \quad (7.5)$$

在上述优化模型中,式(7.1)是中央政府期望收益最大化的目标函数,并通过激励机制参数 α、β、F_1 和 F_2 进行调控。式(7.2)和式(7.3)是地区 1 和地区 2 的参与约束条件,保证地区 1 和地区 2 进行大气污染协同治理获得的期望经济收益不小于零。式(7.4)和式(7.5)是地区 1 和地区 2 大气污染协同治理的激励相容约束。该优化模型是带有不等式约束的非线性规划问题。

但是,财政激励作为一种补贴工具,不应该作为地方政府获得经济利益的手段。在能够实现中央政府期望收益最大化的情况下,只需要保证地区 1 和地区 2 的经济收益不受损,没有必要支付更多,即参与约束条件式(7.2)和式(7.3)应该转换为等式形式。因此,可以将参与约束条件改写为

$$F_1 = c_1 e_1^2 - \alpha(e_1 + k_2 e_2) \quad (7.6)$$

$$F_2 = c_2 e_2^2 - \beta(e_2 + k_1 e_1) \quad (7.7)$$

将式(7.6)和式(7.7)代入目标函数式(7.1)中,可以将目标函数重新表述为

$$\max_{e_1,e_2} E\pi_z = e_1(1 + k_1 - c_1 e_1) + e_2(1 + k_2 - c_2 e_2) \quad (7.8)$$

由式（7.4）和式（7.5）可以得到 $e_1 = \dfrac{\alpha}{2c_1}$，$e_2 = \dfrac{\beta}{2c_2}$，将其代入式（7.8）中，中央政府期望收益最大化的优化问题可以进一步表述为

$$\max_{\alpha, \beta} E\pi_z = \frac{2\alpha(1+k_1) - \alpha^2}{4c_1} + \frac{2\beta(1+k_2) - \beta^2}{4c_2} \tag{7.9}$$

对式（7.9）分别求关于财政激励系数 α 与 β 的一阶偏导，可以得到如下一阶条件：

$$\frac{\partial E_z}{\partial \alpha} = \frac{k_1 + 1 - \alpha}{2c_1} = 0 \tag{7.10}$$

$$\frac{\partial E_z}{\partial \beta} = \frac{k_2 + 1 - \beta}{2c_2} = 0 \tag{7.11}$$

由式（7.10）和式（7.11）得到中央政府给定两个地区的最优财政激励系数分别为

$$\alpha^* = k_1 + 1 \tag{7.12}$$

$$\beta^* = k_2 + 1 \tag{7.13}$$

将式（7.12）和式（7.13）代入式（7.9）、式（7.4）和式（7.5）中，得到中央政府的最优期望收益，以及地区 1 和地区 2 大气污染协同治理的最优努力水平分别为

$$E\pi_z^* = \frac{k_1^2 + 2k_1 + 1}{4c_1} + \frac{k_2^2 + 2k_2 + 1}{4c_2} \tag{7.14}$$

$$e_1^* = \frac{k_1 + 1}{2c_1} \tag{7.15}$$

$$e_2^* = \frac{k_2 + 1}{2c_2} \tag{7.16}$$

结论 7.1："差异化"激励机制下，中央政府的最优期望收益 $E\pi_z^* = \dfrac{k_1^2 + 2k_1 + 1}{4c_1} + \dfrac{k_2^2 + 2k_2 + 1}{4c_2} > 0$，地区 1 大气污染协同治理的最优努力水平 $e_1^* = \dfrac{k_1 + 1}{2c_1} > 0$，地区 2 大气污染协同治理的最优努力水平 $e_2^* = \dfrac{k_2 + 1}{2c_2} > 0$。

结论 7.1 表明，中央政府的最优期望收益、两个地区的最优努力水平恒为正值。中央政府制定"差异化"的财政激励机制，能够有效地激励两个地区进行大气污染的协同治理，为改善目标区域的环境空气质量奠定基础。地区 1 和地区 2 大气污染的协同治理，不仅能够减少大气污染所造成的工业、农业、旅游业等方面的经济损失，促进区域经济的稳步绿色发展，而且良好的大气环境有利于生态

系统的调节，带来较高的生态效益。

　　下面分析中央政府对地区 1 和地区 2 财政激励的差异程度。将 $\alpha^* = k_1 + 1$ 与 $\beta^* = k_2 + 1$ 进行做差处理，可以得到 $\alpha^* - \beta^* = k_1 - k_2$。当 $k_1 > k_2$，即地区 1 的环境溢出率较大时，中央政府给定地区 1 的财政激励系数要大于给定地区 2 的财政激励系数。当 $k_1 < k_2$，即地区 1 的环境溢出率较小时，中央政府给定地区 1 的财政激励系数要小于地区 2。由此，可以得到结论 7.2。

　　结论 7.2：中央政府在制定协同治理"差异化"激励机制时，财政补贴力度会向环境溢出效应较高的地区倾斜，给定该地区较高的财政激励系数。

　　结论 7.2 表明，中央政府在设计财政补贴机制时，不仅关注两个地区的大气污染治理产出，还关注两个地区大气污染协同治理的溢出效应，并对环境溢出效应较高的地区给予更高的财政激励水平，以防止消极治理情况的出现。这是因为地区 1 和地区 2 大气污染协同治理的溢出效应，会直接影响对方大气污染协同治理的产出。对于进行协同治理的两个地区而言，如果其中一方大气污染治理的投入较小，但是受到相邻地区溢出效应的影响，自身的大气污染治理产出结果与其相同或者更高，并从中央政府获取更高的财政补贴，不仅会使溢出效应较大的地区认为自己受到了不公平待遇，而且会导致溢出效应较小的地区出现消极治理的现象，使得整个区域大气污染协同治理的产出减小，不利于地区环境空气质量的改善。

　　进一步分析两个地区环境溢出率 k_1 和 k_2，对中央政府期望收益 $E\pi_z^*$、财政激励系数 α^* 和 β^*，以及最优努力水平 e_1^* 和 e_2^* 的影响。分别对 $E\pi_z^*$、α^*、β^*、e_1^*、e_2^* 求关于 k_1 和 k_2 的一阶偏导，得到 $\dfrac{\partial E\pi_z^*}{\partial k_1} = \dfrac{k_1 + 1}{2c_1} > 0$，$\dfrac{\partial E\pi_z^*}{\partial k_2} = \dfrac{k_2 + 1}{2c_2} > 0$，$\dfrac{\partial \alpha^*}{\partial k_1} = 1 > 0$，$\dfrac{\partial \beta^*}{\partial k_2} = 1 > 0$，$\dfrac{\partial e_1^*}{\partial k_1} = \dfrac{1}{2c_1} > 0$，$\dfrac{\partial e_2^*}{\partial k_2} = \dfrac{1}{2c_2} > 0$。由此可以得到结论 7.3。

　　结论 7.3："差异化"激励机制下，中央政府的期望收益 $E\pi_z^*$ 会随着地区 1 和地区 2 环境溢出率 k_1 和 k_2 的增加而增长；地区 1 的财政激励系数 α^* 和协同治理努力水平 e_1^*，会随着本地区环境溢出率 k_1 的增加而增长；地区 2 的财政激励系数 β^* 和协同治理努力水平 e_2^*，会随着本地区环境溢出率 k_2 的增加而增长。

　　结论 7.3 表明，两个地区的环境溢出效应会对中央政府的收益、自身的财政激励系数和努力水平产生正向影响。这是因为两个地区环境溢出率的提高，能够直接增加对方治理大气污染的产出；在相同的努力水平下，中央政府获得的期望收益会更高。因此，中央政府为了使自身收益增大，并确保两个地区都能够保持大气污染治理的积极性，会增加对两个地区的财政激励。而地区 1 和地区 2 为了使得自身利益最大化，也会提高大气污染协同治理的努力水平。一方面是为了获得中央政府更高的财政激励；另一方面是为了使自身能够继续享受对方环境溢出效应的影响。如果其中一个地区出现"搭便车"的行为，尽管中央政府可能难以察觉，但对方地区一般能够及时发现这一情况，从而也会消极地进行大气污染的协同治理，最终影响双方的收益和环境空气质量的改善。

7.3 协同治理的"同质化"激励机制

7.2 节中，分析了中央政府"差异化"激励机制对两个地区大气污染协同治理努力水平的影响，并得出两个地区的环境溢出率是影响中央政府决策的关键因素。本节将分析中央政府采取"同质化"大气污染协同治理激励机制时，地区 1 和地区 2 会如何选择自身的努力水平。

在区域大气污染协同治理的"同质化"激励机制下，地区 1 和地区 2 协同治理大气污染所获得的期望经济收益可分别表示为 $E\pi_1^\varpi = \varpi(e_1 + k_2 e_2) + F_1^\varpi - c_1 e_1^2$ 和 $E\pi_2^\varpi = \varpi(e_2 + k_1 e_1) + F_2^\varpi - c_2 e_2^2$；中央政府获得的期望收益可以表示为 $E\pi_z^\varpi = (1-\varpi)(e_1 + k_2 e_2 + e_2 + k_1 e_1) - (F_1^\varpi + F_2^\varpi)$。要想使地区 1 和地区 2 接受中央政府制定的激励机制，就必须满足两个地区的激励相容约束与激励参与约束，由此可以得到如下优化模型：

$$\max_{\varpi, F_1^\varpi, F_2^\varpi} E\pi_z^\varpi = (1-\varpi)(e_1 + k_2 e_2 + e_2 + k_1 e_1) - (F_1^\varpi + F_2^\varpi) \qquad (7.17)$$

$$\varpi(e_1 + k_2 e_2) + F_1^\varpi - c_1 e_1^2 \geqslant 0 \qquad (7.18)$$

$$\varpi(e_2 + k_1 e_1) + F_2^\varpi - c_2 e_2^2 \geqslant 0 \qquad (7.19)$$

$$\frac{\partial E\pi_1^\varpi}{\partial e_1} = \varpi - 2c_1 e_1 = 0 \qquad (7.20)$$

$$\frac{\partial E\pi_2^\varpi}{\partial e_2} = \varpi - 2c_2 e_2 = 0 \qquad (7.21)$$

在上述优化模型中，式（7.17）是中央政府期望收益最大化的目标函数，并通过激励机制参数 ϖ、F_1^ϖ 与 F_2^ϖ 进行调控。式（7.17）和式（7.18）是地区 1 和地区 2 的参与约束条件，保证地区 1 和地区 2 进行大气污染协同治理获得的期望经济收益不小于零。式（7.20）和式（7.21）是地区 1 和地区 2 大气污染协同治理的激励相容约束。上述优化模型是带不等式约束的优化问题，求解思路及其过程与 7.2 节类似，在此不再赘述。由此，得到中央政府给定的最优"同质化"财政激励系数为

$$\varpi^* = \frac{k_1 c_2 + k_2 c_1 + c_1 + c_2}{c_1 + c_2} \qquad (7.22)$$

将式（7.22）代入式（7.20）和式（7.21）中进行求解，得到地区 1 和地区 2 在"同质化"激励机制下，协同治理的最优努力水平分别为 $e_1^{\varpi^*} = \frac{k_1 c_2 + k_2 c_1 + c_1 + c_2}{2c_1(c_1 + c_2)}$ 和 $e_2^{\varpi^*} = \frac{k_1 c_2 + k_2 c_1 + c_1 + c_2}{2c_2(c_1 + c_2)}$。同时，将两个地区协同治理的最优努力水平与最优财政激励系数代入式（7.17）中，得到中央政府的最优期望收益为

$$E\pi_z^{\varpi^*} = \frac{[c_1(k_2 + 1) + c_2(k_1 + 1)]^2}{4c_1 c_2(c_1 + c_2)} \qquad (7.23)$$

结论 7.4："同质化"激励机制下，中央政府的最优期望收益 $E\pi_z^{\varpi^*} = \frac{[c_1(k_2 + 1) + c_2(k_1 + 1)]^2}{4c_1 c_2(c_1 + c_2)} > 0$，地区 1 大气污染协同治理的最优努力水平 $e_1^{\varpi^*} = \frac{k_1 c_2 + k_2 c_1 + c_1 + c_2}{2c_1(c_1 + c_2)} > 0$，地区 2 大气污染协同治理的最优努力水平 $e_2^{\varpi^*} = \frac{k_1 c_2 + k_2 c_1 + c_1 + c_2}{2c_2(c_1 + c_2)} > 0$。

结论 7.4 表明，两个地区的协同治理努力水平，以及中央政府的期望收益始终大于零。因此，中央政府通过制定"同质化"的财政激励机制，也能够有效地激励两个地区进行大气污染的协同治理。

进一步分析两个地区环境溢出率 k_1 和 k_2，对中央政府期望收益 $E\pi_z^*$、财政激励系数 ϖ^*，以及最优努力水平 $e_1^{\varpi^*}$ 和 $e_2^{\varpi^*}$ 的影响。分别对 $E\pi_z^{\varpi^*}$、ϖ^*、$e_1^{\varpi^*}$、$e_2^{\varpi^*}$ 求关于 k_1 和 k_2 的一阶偏导，可以得到 $\frac{\partial E\pi_z^{\varpi^*}}{\partial k_1} = \frac{(1 + k_2)c_1 + (1 + k_1)c_2}{2c_1(c_1 + c_2)} > 0$，

$\frac{\partial E\pi_z^{\varpi^*}}{\partial k_2} = \frac{(1 + k_2)c_1 + (1 + k_1)c_2}{2c_2(c_1 + c_2)} > 0$， $\frac{\partial \varpi^*}{\partial k_1} = \frac{c_2}{c_1 + c_2} > 0$， $\frac{\partial \varpi^*}{\partial k_2} = \frac{c_1}{c_1 + c_2} > 0$，

$\frac{\partial e_1^{\varpi^*}}{\partial k_1} = \frac{c_2}{2c_1(c_1 + c_2)} > 0$， $\frac{\partial e_1^{\varpi^*}}{\partial k_2} = \frac{1}{2(c_1 + c_2)} > 0$， $\frac{\partial e_2^{\varpi^*}}{\partial k_1} = \frac{1}{2(c_1 + c_2)} > 0$，

$\frac{\partial e_2^{\varpi^*}}{\partial k_2} = \frac{c_1}{2c_2(c_1 + c_2)} > 0$。由此，可以得到结论 7.5。

结论 7.5："同质化"激励机制下，中央政府的期望收益 $E\pi_z^{\varpi^*}$、财政激励系数 ϖ^*，以及地区 1 和地区 2 的协同治理努力水平 $e_1^{\varpi^*}$ 和 $e_2^{\varpi^*}$，均会随着地区 1 和地区 2 环境溢出率 k_1 和 k_2 的增加而增长。

结论 7.5 表明，两个地区之间环境溢出效应的增强，会直接提高两个地区大气污染协同治理的产出，从而促进中央政府期望收益的最大化。因此，中央政府会提高财政激励，促使两个地区更加努力地进行大气污染的协同治理。

7.4　两种激励机制的对比分析

中央政府制定协同治理激励机制的目的，是实现两个地区的利益均衡，保障协同治理关系的稳定性，进而使目标区域的环境空气质量得到最大限度的改善。7.2 节和 7.3 节，分别对"差异化"激励机制和"同质化"激励机制的有效性进行了分析。研究结果表明，两种激励机制都能够促进两个地区进行大气污染的协同治理。本节，将对两种激励机制进行比较，从而判断哪种激励机制更加有效。

首先，对比分析两种激励机制下的中央政府期望收益。"差异化"和"同质化"激励机制下，中央政府期望收益的差值可以表示为

$$E\pi_z^* - E\pi_z^{\varpi^*} = \frac{(k_2+1)^2 c_1 + (k_1+1)^2 c_2}{4c_1 c_2} - \frac{[(k_2+1)c_1 + (k_1+1)c_2]^2}{4c_1 c_2(c_1+c_2)} = \frac{(k_1-k_2)^2}{4(c_1+c_2)}$$

（7.24）

显然，$\frac{(k_1-k_2)^2}{4(c_1+c_2)} \geq 0$ 恒成立。由此，可以得到结论 7.6。

结论 7.6：中央政府在协同治理"差异化"激励机制下获得的期望收益 $E\pi_z^*$，一定不低于在"同质化"激励机制下获得的期望收益 $E\pi_z^{\varpi^*}$。

结论 7.6 表明，从中央政府收益最大化的角度来看，"差异化"激励机制明显优于"同质化"激励机制。因此，中央政府在制定激励政策时，会更倾向于对不同地区给定不同的财政激励系数，而不是采用"一刀切"的方式。

其次，对比分析两种激励机制下，地区 1 和地区 2 的财政激励系数。"差异化"和"同质化"激励机制下，地区 1 财政激励系数的差值可以表示为 $\alpha^* - \varpi^* = \frac{c_1(k_1-k_2)}{c_1+c_2}$；地区 2 财政激励系数的差值可以表示为 $\beta^* - \varpi^* = \frac{c_2(k_2-k_1)}{c_1+c_2}$。当 $k_1 > k_2$ 时，$\alpha^* - \varpi^* > 0$，$\beta^* - \varpi^* < 0$；当 $k_1 < k_2$ 时，$\alpha^* - \varpi^* < 0$，$\beta^* - \varpi^* > 0$。由此，可以得到结论 7.7。

结论 7.7：对于环境溢出效应较高的地区，"差异化"激励机制下给定的财政激励系数会高于"同质化"激励机制；而对于环境溢出效应较低的地区，"同质化"激励机制下给定的财政激励系数会高于"差异化"激励机制。

　　然后，对比分析两种激励机制下，地区 1 和地区 2 的努力水平。"差异化"和"同质化"激励机制下，地区 1 努力水平的差值可以表示为 $e_1^* - e_1^{\varpi*} = \dfrac{k_1 - k_2}{2(c_1 + c_2)}$；地区 2 努力水平的差值可以表示为 $e_2^* - e_2^{\varpi*} = \dfrac{k_2 - k_1}{2(c_1 + c_2)}$；区域整体努力水平的差值可以表示为 $(e_1^* + e_2^*) - (e_1^{\varpi*} + e_2^{\varpi*}) = 0$。当 $k_1 > k_2$ 时，$e_1^* - e_1^{\varpi*} > 0$，$e_2^* - e_2^{\varpi*} < 0$；当 $k_1 < k_2$ 时，$e_1^* - e_1^{\varpi*} < 0$，$e_2^* - e_2^{\varpi*} > 0$。由此，可以得到结论 7.8。

　　结论 7.8：对于环境溢出效应较高的地区，"差异化"激励机制下的努力水平会高于"同质化"激励机制；而对于环境溢出效应较低的地区，"同质化"激励机制下的努力水平会高于"差异化"激励机制；但是，整个区域的努力水平，在两种激励机制下保持一致。

　　最后，对比分析两种激励机制下，地区 1 和地区 2 的产出水平。"差异化"和"同质化"激励机制下，地区 1 产出水平的差值可以表示为 $q_1^* - q_1^{\varpi*} = \dfrac{(1 - k_2)(k_1 - k_2)}{2(c_1 + c_2)}$；地区 2 产出水平的差值可以表示为 $q_2^* - q_2^{\varpi*} = \dfrac{(1 - k_1)(k_2 - k_1)}{2(c_1 + c_2)}$；区域整体产出水平的差值可以表示为 $(q_1^* - q_2^*) - (q_2^{\varpi*} - q_2^{\varpi*}) = \dfrac{(k_1 - k_2)^2}{2(c_1 + c_2)} \geqslant 0$。当 $k_1 > k_2$ 时，$q_1^* - q_1^{\varpi*} > 0$，$q_2^* - q_2^{\varpi*} < 0$；当 $k_1 < k_2$ 时，$q_1^* - q_1^{\varpi*} < 0$，$q_2^* - q_2^{\varpi*} > 0$。由此，可以得到结论 7.9。

　　结论 7.9：对于环境溢出效应较高的地区，"差异化"激励机制下的产出水平会高于"同质化"激励机制；而对于环境溢出效应较低的地区，"同质化"激励机制下的产出水平会高于"差异化"激励机制；同时，对于整个区域而言，"差异化"激励机制下的产出水平一定不低于"同质化"激励机制。

　　结合结论 7.7、结论 7.8 和结论 7.9，可以看出，不同地区环境溢出效应的差异性，会导致"差异化"激励机制和"同质化"激励机制产生不同的激励效果。在"差异化"激励机制下，中央政府的财政补贴会向环境溢出效应较高的地区倾斜，从而调动这类地区大气污染协同治理的积极性，最大限度地提高其努力水平，进而获得更高的产出。这不仅有利于该地区自身环境空气质量的改善，还会由于其高溢出性，为周边地区乃至整个区域带来更多的环境效益。但是在"同质化"激励机制下，中央政府对两个地区的财政补贴系数完全相同，并没有向环境溢出效应较高的地区倾斜，因此这类地区的努力水平和产出水平都会有所回落。而对于环境溢出效应较低的地区，"同质化"财政激励系数的设计方式会更加有利，从而产生比"差异化"激励机制更好的激励效果。同时，从区域整体来看，两个地区努力水平的总和始终保持不变，不受激励机制倾斜力度和设计方式的影响；但"差异化"激励机制下的两个地区产出水平的总和始终要高于"同质化"激励机制，这也是中央政府在"差异化"激励机制下能够获得更高期望收益的原因。

综合上述分析，在区域大气污染"排放后"协同治理过程中，虽然"同质化"激励机制对环境溢出效应较低的地区较为有利，但从中央政府的总体收益和整个区域的协同治理产出来看，"差异化"激励机制会更加有效。

7.5　算　例　验　证

本节将通过仿真算例，对模型求解结果和相关结论进行验证。依据前文分析，环境溢出率 k_1 和 k_2 是影响区域大气污染"排放后"协同治理模型各种结果的重点因素。因此，本节将 k_1 和 k_2 作为研究变量，并假设 $0 < k_1 < 1$，$0 < k_2 < 1$，成本系数 $c_1 = 3$，$c_2 = 1.5$，利用 Maple15 进行数值模拟。

首先，验证两个地区的环境溢出率 k_1 和 k_2，对"差异化"激励机制下中央政府期望收益 $E\pi_z^*$、财政激励系数 α^* 和 β^*，以及最优努力水平 e_1^* 和 e_2^* 的影响。将上述参数输入 Maple15 中，并分别绘制 k_1 和 k_2 对 $E\pi_z^*$、α^*、β^*、e_1^* 和 e_2^* 的影响关系图，如图7.1～图7.5所示。

从图7.1～图7.5可以看出，在"差异化"激励机制下，中央政府的期望收益会随着地区1和地区2环境溢出率的增加而增长；地区1的财政激励系数和协同治理努力水平，会随着本地区环境溢出率的增加而增长；地区2的财政激励系数

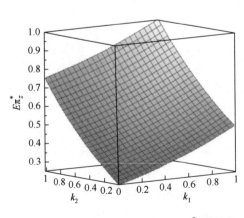

图7.1　k_1 和 k_2 对中央政府收益 $E\pi_z^*$ 的影响

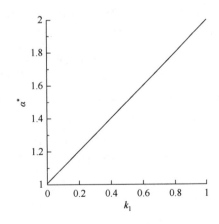

图7.2　k_1 对地区1财政激励系数 α^* 的影响

和协同治理努力水平，也会随着本地区环境溢出率的增加而增长。可以看出，数值模拟结果与结论 7.3 保持一致。

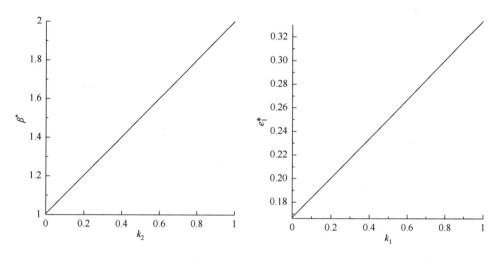

图 7.3　k_2 对地区 2 财政激励系数 β^* 的影响　　　　图 7.4　k_1 对财政激励系数 e_1^* 的影响

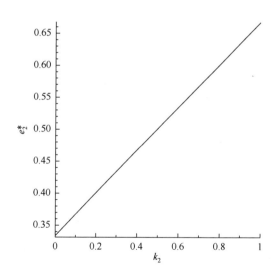

图 7.5　k_2 对财政激励系数 e_2^* 的影响

然后，验证两个地区的环境溢出率 k_1 和 k_2，对"同质化"激励机制下中央政府期望收益 $E\pi_z^{\varpi*}$、财政激励系数 ϖ^*，以及最优努力水平 $e_1^{\varpi*}$ 和 $e_2^{\varpi*}$ 的影响，如图 7.6～图 7.9 所示。

从图 7.6～图 7.9 可以看出，在"同质化"激励机制下，中央政府的期望收益、财政激励系数，以及地区 1 和地区 2 的协同治理努力水平，均会随着地区 1 和地区 2 环境溢出率的增加而增长。因此，数值模拟结果与结论 7.5 保持一致。

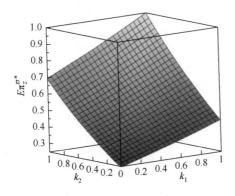 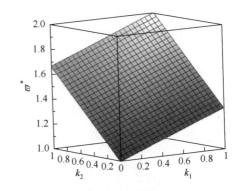

图 7.6　k_1 和 k_2 对中央政府收益 $E\pi_z^{\varpi^*}$ 的影响　　图 7.7　k_1 和 k_2 对财政激励系数 ϖ^* 的影响

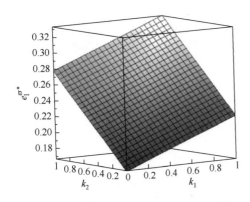 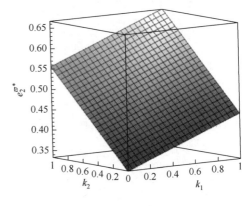

图 7.8　k_1 和 k_2 对财政激励系数 $e_1^{\varpi^*}$ 的影响　　图 7.9　k_1 和 k_2 对财政激励系数 $e_2^{\varpi^*}$ 的影响

最后，分别验证两种激励机制下的中央政府期望收益 $E\pi_z^*$ 和 $E\pi_z^{\varpi^*}$，财政激励系数 α^*、β^* 和 ϖ^*，最优努力水平 e_1^* 和 $e_1^{\varpi^*}$、e_2^* 和 $e_2^{\varpi^*}$，最优产出水平 q_1^* 和 $q_1^{\varpi^*}$、q_2^* 和 $q_2^{\varpi^*}$ 的对比情况。为了便于比较分析，假设 $k_2 = 0.45$，k_1 在区间[0,1]变动。对比情况如图 7.10～图 7.16 所示。

从图 7.10 可以看出，中央政府在"同质化"激励机制下获得的期望收益，始终无法超过在"差异化"激励机制下获得的期望收益。因此，数值模拟结果与结论 7.6 保持一致。

　　从图 7.11～图 7.16 可以看到,对于环境溢出效应较高的地区,"差异化" 激励机制下的财政激励系数、努力水平、产出水平均会高于 "同质化" 激励机制;而对于环境溢出效应较低的地区,"同质化" 激励机制下的财政激励系数、努力水平、产出水平均会高于 "差异化" 激励机制。因此,数值模拟结果与结论 7.7、结论 7.8 和结论 7.9 保持一致。

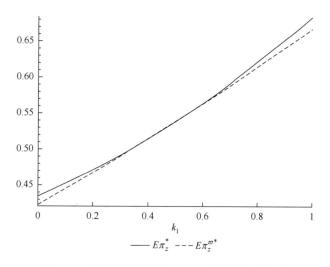

图 7.10　两种激励机制下中央政府期望收益比较

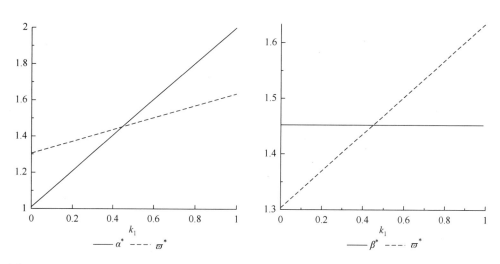

图 7.11　两种激励机制下地区 1 激励系数比较　　图 7.12　两种激励机制下地区 2 激励系数比较

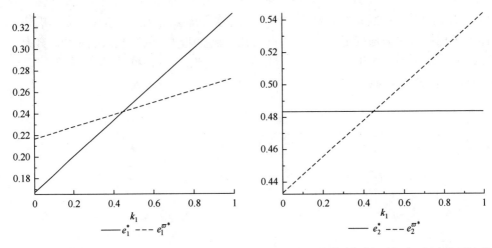

图 7.13　两种激励机制下地区 1 努力水平比较　　图 7.14　两种激励机制下地区 2 努力水平比较

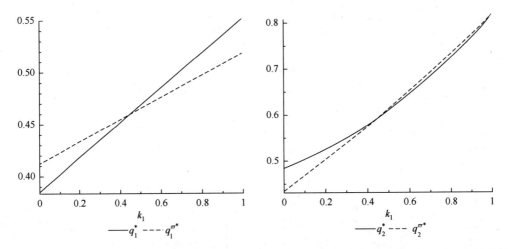

图 7.15　两种激励机制下地区 1 产出水平比较　　图 7.16　两种激励机制下地区 2 产出水平比较

第8章　区域大气污染协同治理的信任均衡研究

从第4章的静态实证分析可以看出，治理主体之间的信任程度，对于区域大气污染协同治理的可持续性具有积极的正效应；而从第5章的动态演化分析也可以看出，信任是区域大气污染协同治理的关键影响因素。然而，信任程度难以直接衡量，判断区域内各个地方政府是否会真正采取信任策略也较为复杂。因此，需要借鉴国内外的相关研究成果，识别影响地方政府信任关系的主要因素。同时，区域内各个地方政府信任策略的选择，是一个动态博弈的过程，如果区域内一部分地方政府采取的策略（信任或不信任），能够为自身带来较好的结果，区域内其他地方政府就会跟进和模仿。鉴于此，本章采用演化博弈理论，试图从多主体参与视角探讨区域内各个地方政府如何能够形成稳定均衡的信任关系。

本章的结构安排如下：首先，考虑直接治理效益、协同加成效益、协同间接效益、环境溢出率、风险成本、生态补偿成本等因素，刻画区域内各个地方政府的行为特征，构建区域大气污染协同治理的信任演化博弈模型。然后，求解演化博弈模型的均衡点并分析其稳定性，进而分析不同情况下的信任演化路径，以确定不同因素对信任关系的影响程度。最后，通过Matlab进行数据仿真，模拟信任演化过程。

8.1　问题描述与模型假设

大气具有流动性和扩散性的特点，相邻地区之间的污染传播影响极为突出，某一地区大气污染的治理效果存在着一定的不确定性。同时，处于同一"空气流域"内的每个地方政府，难以完全掌握周边地区开展大气污染治理行动的具体信息，也不可能考虑到与协同治理相关的所有因素，对区域大气污染协同治理的最终效果很难预见。因此，区域内各个地方政府均是有限理性的。

另外，在区域大气污染协同治理过程中，如果一部分地方政府采取的策略（信任或不信任），能够为本地区带来较好的结果，便会引起其他地方政府的学习和模仿，促使这些地方政府也采取相应的参与策略。

演化博弈以有限理性为基础，各个博弈主体通过不断学习，动态调整自己的策略选择，进而使博弈系统达到稳定均衡状态。运用演化博弈的理论方法，可以有效分析区域内各个地方政府在大气污染协同治理中的信任演化过程。

本章考虑大气污染治理的目标区域由三个相邻地区构成，这三个地区中作为行政主体的地方政府是有限理性的，分别为参与博弈的地方政府 1、地方政府 2、地方政府 3。三个地方政府在大气污染协同治理过程中均可以自由选择信任 Y 和不信任 N 两个策略，即策略空间为{信任 Y，不信任 N}。地方政府 1、地方政府 2、地方政府 3 采取信任策略的概率分别为 x、y、z，采取不信任策略的概率分别为 $1-x$、$1-y$、$1-z$，其中，$0<x<1$，$0<y<1$，$0<z<1$。

为了能够利用演化模型准确描述各个地方政府参与协同治理的行为特性，进一步提出以下假设。

（1）各个地方政府均采取信任策略时，会积极对本地区的大气污染进行治理和管控，并与周边地区开展协同合作。地方政府 1、地方政府 2、地方政府 3 通过属地治理获得的直接治理效益为 A_i（$A_i>0$，$i=1,2,3$）；通过信息共享、联防联控获得的协同加成效益为 B_{ij}（$B_{ij}>0$，$i=1,2,3$，$j=1,2,3$，$i\neq j$）；由于协同而产生的防治技术更新、人才队伍优化等协同间接效益为 D_{ij}（$D_{ij}>0$，$i=1,2,3$，$j=1,2,3$，$i\neq j$）。

（2）部分地方政府采取不信任策略时，采取信任策略的地方政府仍能通过属地治理获得直接治理效益 A_i，但由于合作中断，无法获得相应的协同加成效益 B_{ij} 和间接效益 D_{ij}。

（3）各个地方政府采取不信任策略时，其潜在损失为 G_i（$G_i>0$，$i=1,2,3$），即地方政府不作为导致的污染加剧。

（4）各个地方政府治理大气污染而产生的风险成本为 C_i（$C_i>0$，$i=1,2,3$）。一方面，大气污染治理需要投入大量的资金、技术和人力资源；另一方面，资源的投入并不一定能够获得期望的效果，各个地方政府还需要承担一定的风险。

（5）由于大气具有流动性和扩散性的特点，地区 i 的大气向地区 j 扩散的环境溢出率为 e_{ij}（$e_{ij}\geqslant 0$，$i=1,2,3$，$j=1,2,3$，$i\neq j$）。

（6）区域大气污染协同治理过程中，需要对那些为了维护区域整体大气环境利益而牺牲自身经济发展利益的地方政府给予适当的生态补偿。不失一般性，假设地方政府 1 为补偿主体，即支付相应生态补偿的一方；地方政府 2 为补偿对象，即损失了自身较大的经济利益，而对大气治理做出了较多贡献的地区；地方政府 3 不参与生态补偿。各地方政府均认可的生态补偿数额为 F。

8.2　区域大气污染协同治理的信任演化博弈模型

基于以上假设，可以得到区域大气污染协同治理中，各个地方政府信任演化博弈的收益矩阵，如表 8.1 所示。

表 8.1 各个地方政府信任演化博弈的收益矩阵

策略选择	地方政府 1	地方政府 2	地方政府 3
(Y,Y,Y)	$A_1+B_{12}+B_{13}+D_{12}+D_{13}$ $+e_{21}(A_2+B_{21}+B_{23})$ $+e_{31}(A_3+B_{31}+B_{32})$ $-C_1-F$	$A_2+B_{21}+B_{23}+D_{21}+D_{23}$ $+e_{12}(A_1+B_{12}+B_{13})$ $+e_{32}(A_3+B_{31}+B_{32})$ $-C_2+F$	$A_3+B_{31}+B_{32}+D_{31}+D_{32}$ $+e_{13}(A_1+B_{12}+B_{13})$ $+e_{23}(A_2+B_{21}+B_{23})$ $-C_3$
(Y,Y,N)	$A_1+B_{12}+D_{12}+e_{21}(A_2+B_{21})$ $-e_{31}G_3-C_1-F$	$A_2+B_{21}+D_{21}+e_{12}(A_1+B_{12})$ $-e_{32}G_3-C_2+F$	$-G_3+e_{13}(A_1+B_{12})$ $+e_{23}(A_2+B_{21})$
(Y,N,Y)	$A_1+B_{13}+D_{13}-e_{21}G_2$ $+e_{31}(A_3+B_{31})-C_1$	$-G_2+e_{12}(A_1+B_{13})$ $+e_{32}(A_3+B_{31})$	$A_3+B_{31}+D_{31}+e_{13}$ $(A_1+B_{13})-e_{23}G_2-C_3$
(Y,N,N)	$A_1-e_{21}G_2-e_{31}G_3-C_1$	$-G_2+e_{12}A_1-e_{32}G_3$	$-G_3+e_{13}A_1-e_{23}G_2$
(N,Y,Y)	$-G_1+e_{21}(A_2+B_{23})$ $+e_{31}(A_3+B_{32})$	$A_2+B_{23}+D_{23}-e_{12}G_1$ $+e_{32}(A_3+B_{32})-C_2$	$A_3+B_{32}+D_{32}-e_{13}G_1$ $+e_{23}(A_2+B_{23})-C_3$
(N,Y,N)	$-G_1+e_{21}A_2-e_{31}G_3$	$A_2-e_{12}G_1-e_{32}G_3-C_2$	$-G_3-e_{13}G_1+e_{23}A_2$
(N,N,Y)	$-G_1-e_{21}G_2+e_{31}A_3$	$-G_2-e_{12}G_1+e_{32}A_3$	$A_3-e_{13}G_1-e_{23}G_2-C_3$
(N,N,N)	$-G_1-e_{21}G_2-e_{31}G_3$	$-G_2-e_{12}G_1-e_{32}G_3$	$-G_3-e_{13}G_1-e_{23}G_2$

根据收益矩阵，地方政府 1 采取信任策略的期望收益为

$$\begin{aligned} U_1(Y)=&yz[A_1+B_{12}+B_{13}+D_{12}+D_{13}+e_{21}(A_2+B_{21}+B_{23})+e_{31}(A_3+B_{31}+B_{32})\\ &-C_1-F]+y(1-z)[A_1+B_{12}+D_{12}+e_{21}(A_2+B_{21})-e_{31}G_3-C_1-F]\\ &+(1-y)z[A_1+B_{13}+D_{13}-e_{21}G_2+e_{31}(A_3+B_{31})-C_1]\\ &+(1-y)(1-z)(A_1-e_{21}G_2-e_{31}G_3-C_1)\end{aligned}$$

(8.1)

其中，在地方政府 1 一定采取信任策略的前提下，$yz[A_1+B_{12}+B_{13}+D_{12}+D_{13}+e_{21}(A_2+B_{21}+B_{23})+e_{31}(A_3+B_{31}+B_{32})-C_1-F]$ 表示地方政府 2 和地方政府 3 采取信任策略时，地方政府 1 的期望收益；$y(1-z)[A_1+B_{12}+D_{12}+e_{21}(A_2+B_{21})-e_{31}G_3-C_1-F]$ 表示地方政府 2 采取信任策略、地方政府 3 采取不信任策略时，地方政府 1 的期望收益；$(1-y)z[A_1+B_{13}+D_{13}-e_{21}G_2+e_{31}(A_3+B_{31})-C_1]$ 表示地方政府 2 采取不信任策略、地方政府 3 采取信任策略时，地方政府 1 的期望收益；$(1-y)(1-z)(A_1-e_{21}G_2-e_{31}G_3-C_1)$ 表示地方政府 2 和地方政府 3 采取不信任策略时，地方政府 1 的期望收益。四者相加为地方政府 1 采取信任策略时的期望收益。

地方政府 1 采取不信任策略的期望收益为

$$\begin{aligned} U_1(N)=&yz[-G_1+e_{21}(A_2+B_{23})+e_{31}(A_3+B_{32})]+y(1-z)(-G_1+e_{21}A_2-e_{31}G_3)\\ &+(1-y)z(-G_1-e_{21}G_2+e_{31}A_3)+(1-y)(1-z)(-G_1-e_{21}G_2-e_{31}G_3)\end{aligned}$$

(8.2)

其中，在地方政府 1 一定采取不信任策略的前提下， $yz[-G_1 + e_{21}(A_2 + B_{23}) + e_{31}(A_3 + B_{32})]$ 表示地方政府 2 和地方政府 3 采取信任策略时，地方政府 1 的期望收益；$y(1-z)(-G_1 + e_{21}A_2 - e_{31}G_3)$ 表示地方政府 2 采取信任策略、地方政府 3 采取不信任策略时，地方政府 1 的期望收益；$(1-y)z(-G_1 - e_{21}G_2 + e_{31}A_3)$ 表示地方政府 2 采取不信任策略、地方政府 3 采取信任策略时，地方政府 1 的期望收益；$(1-y)(1-z)(-G_1 - e_{21}G_2 - e_{31}G_3)$ 表示地方政府 2 和地方政府 3 采取不信任策略时，地方政府 1 的期望收益。四者相加为地方政府 1 采取不信任策略时的期望收益。

地方政府 1 参与区域大气污染协同治理的平均期望收益为

$$
\begin{aligned}
\overline{U}_1 &= xU_1(Y) + (1-x)U_1(N) \\
&= xy(e_{21}B_{21} + B_{12} + D_{12} - F) + xz(e_{31}B_{31} + B_{13} + D_{13}) + yz(e_{21}B_{23} + e_{31}B_{32}) \\
&\quad + x(A_1 + G_1 - C_1) + y(e_{21}G_2 + e_{21}A_2) + z(e_{31}G_3 + e_{31}A_3) - G_1 - e_{21}G_2 - e_{31}G_3
\end{aligned}
\tag{8.3}
$$

根据收益矩阵，地方政府 2 采取信任策略的期望收益为

$$
\begin{aligned}
U_2(Y) &= xz[A_2 + B_{21} + B_{23} + D_{21} + D_{23} + e_{12}(A_1 + B_{12} + B_{13}) + e_{32}(A_3 + B_{31} + B_{32}) \\
&\quad - C_2 + F] + x(1-z)[A_2 + B_{21} + D_{21} + e_{12}(A_1 + B_{12}) - e_{32}G_3 - C_2 + F] \\
&\quad + (1-x)z[A_2 + B_{23} + D_{23} - e_{12}G_1 + e_{32}(A_3 + B_{32}) - C_2] \\
&\quad + (1-x)(1-z)(A_2 - e_{12}G_1 - e_{32}G_3 - C_2)
\end{aligned}
\tag{8.4}
$$

其中，在地方政府 2 一定采取信任策略的前提下，$xz[A_2 + B_{21} + B_{23} + +D_{21} + D_{23} + e_{21}(A_1 + B_{12} + B_{13}) + e_{32}(A_3 + B_{31} + B_{32}) - C_2 + F]$ 表示地方政府 1 和地方政府 3 采取信任策略时，地方政府 2 的期望收益；$x(1-z)[A_2 + B_{21} + D_{21} + e_{12}(A_1 + B_{12}) - e_{32}G_3 - C_2 + F]$ 表示地方政府 1 采取信任策略、地方政府 3 采取不信任策略时，地方政府 2 的期望收益；$(1-x)z[A_2 + B_{23} + D_{23} - e_{12}G_1 + e_{32} (A_3 + B_{32}) - C_2]$ 表示地方政府 1 采取不信任策略、地方政府 3 采取信任策略时，地方政府 2 的期望收益；$(1-x)(1-z)(A_2 - e_{12}G_1 - e_{32}G_3 - C_2)$ 表示地方政府 1 和地方政府 3 采取不信任策略时，地方政府 2 采取信任策略时的期望收益。四者相加为地方政府 2 采取信任策略时的期望收益。

地方政府 2 采取不信任策略的期望收益为

$$
\begin{aligned}
U_2(N) &= xz[-G_2 + e_{12}(A_1 + B_{13}) + e_{32}(A_3 + B_{31})] + x(1-z)(-G_2 + e_{12}A_1 - e_{32}G_3) \\
&\quad + (1-x)z(-G_2 - e_{12}G_1 + e_{32}A_3) + (1-x)(1-z)(-G_2 - e_{12}G_1 - e_{32}G_3)
\end{aligned}
\tag{8.5}
$$

其中，在地方政府 2 一定采取不信任策略的前提下，$xz[-G_2 + e_{12}(A_1 + B_{13}) + e_{32}(A_3 + B_{31})]$ 表示地方政府 1 和地方政府 3 采取信任策略时，地方政府 2

的期望收益；$x(1-z)(-G_2+e_{12}A_1-e_{32}G_3)$ 表示地方政府 1 采取信任策略、地方政府 3 采取不信任策略时，地方政府 2 的期望收益；$(1-x)z(-G_2-e_{12}G_1+e_{32}A_3)$ 表示地方政府 1 采取不信任策略、地方政府 3 采取信任策略时，地方政府 2 的期望收益；$(1-x)(1-z)(-G_2-e_{12}G_1-e_{32}G_3)$ 表示地方政府 1 和地方政府 3 采取不信任策略时，地方政府 2 的期望收益。四者相加为地方政府 2 采取不信任策略时的期望收益。

地方政府 2 参与区域大气污染协同治理的平均期望收益为

$$\overline{U}_2 = yU_2(Y)+(1-y)U_2(N)$$
$$= xy(e_{12}B_{12}+B_{21}+D_{21}+F)+xz(e_{12}B_{13}+e_{32}B_{31})+yz(e_{32}B_{32}+B_{23}+D_{23})$$
$$+ x(e_{12}G_1+e_{12}A_1)+y(A_2+G_2-C_2)+z(e_{32}G_3+e_{32}A_3)-G_2-e_{12}G_1-e_{32}G_3$$

（8.6）

根据收益矩阵，地方政府 3 采取信任策略的期望收益为

$$U_3(Y) = xy[A_3+B_{31}+B_{32}+D_{31}+D_{32}+e_{13}(A_1+B_{12}+B_{13})+e_{23}(A_2+B_{21}+B_{23})$$
$$-C_3]+x(1-y)[A_3+B_{31}+D_{31}+e_{13}(A_1+B_{13})-e_{23}G_2-C_3]$$
$$+(1-x)y[A_3+B_{32}+D_{32}-e_{13}G_1+e_{23}(A_2+B_{23})-C_3]$$
$$+(1-x)(1-y)(A_3-e_{13}G_1-e_{23}G_2-C_3)$$

（8.7）

其中，在地方政府 3 一定采取信任策略的前提下，$xy[A_3+B_{31}+B_{32}+D_{31}+D_{32}+e_{13}(A_1+B_{12}+B_{13})+e_{23}(A_2+B_{21}+B_{23})-C_3]$ 表示地方政府 1 和地方政府 2 采取信任策略时，地方政府 3 的期望收益；$x(1-y)[A_3+B_{31}+D_{31}+e_{13}(A_1+B_{13})-e_{23}G_2-C_3]$ 表示地方政府 1 采取信任策略、地方政府 2 采取不信任策略时，地方政府 3 的期望收益；$(1-x)y[A_3+B_{32}+D_{32}-e_{13}G_1+e_{23}(A_2+B_{23})-C_3]$ 表示地方政府 1 采取不信任策略、地方政府 2 采取信任策略时，地方政府 3 的期望收益；$(1-x)(1-y)(A_3-e_{13}G_1-e_{23}G_2-C_3)$ 表示地方政府 1 和地方政府 2 采取不信任策略时，地方政府 3 的期望收益。四者相加为地方政府 3 采取信任策略时的期望收益。

地方政府 3 采取不信任策略的期望收益为

$$U_3(N) = xy[-G_3+e_{13}(A_1+B_{12})+e_{23}(A_2+B_{21})]+x(1-y)(-G_3+e_{13}A_1-e_{23}G_2)$$
$$+(1-x)y(-G_3-e_{13}G_1+e_{23}A_2)+(1-x)(1-y)(-G_3-e_{13}G_1-e_{23}G_2)$$

（8.8）

其中，在地方政府 3 一定采取信任策略的前提下，$xy[-G_3+e_{13}(A_1+B_{12})+e_{23}(A_2+B_{21})]$ 表示地方政府 1 和地方政府 2 采取信任策略时，地方政府 3 的期望收益；$x(1-y)(-G_3+e_{13}A_1-e_{23}G_2)$ 表示地方政府 1 采取信任策略、地方政府 2 采取不信任策略时，地方政府 3 的期望收益；$(1-x)y(-G_3-e_{13}G_1+e_{23}A_2)$ 表示地方政府 1 采取不信任策略、地方政府 2 采取信任策略时，地方政府 3 的期望收益；

$(1-x)(1-y)(-G_3 - e_{13}G_1 - e_{23}G_2)$ 表示地方政府 1 和地方政府 2 采取不信任策略时,地方政府 3 的期望收益。四者相加为地方政府 3 采取不信任策略时的期望收益。

地方政府 3 参与区域大气污染协同治理的平均期望收益为

$$
\begin{aligned}
\overline{U}_3 &= zU_3(Y) + (1-z)U_3(N) \\
&= xy(e_{13}B_{12} + e_{23}B_{21}) + xz(e_{13}B_{13} + B_{31} + D_{31}) + yz(e_{23}B_{23} + B_{32} + D_{32}) \\
&\quad + x(e_{13}G_1 + e_{13}A_1) + y(e_{23}G_2 + e_{23}A_2) + z(A_3 + G_3 - C_3) - G_3 - e_{13}G_1 - e_{23}G_2
\end{aligned}
$$

（8.9）

通过式（8.1）和式（8.3）、式（8.4）和式（8.6）、式（8.7）和式（8.9）,得到地方政府 1、地方政府 2 和地方政府 3 的复制动态方程分别为

$$
\begin{aligned}
\frac{dx}{dt} &= x[U_1(Y) - \overline{U}_1] \\
&= x(1-x)[y(e_{21}B_{21} + B_{12} + D_{12} - F) + z(e_{31}B_{31} + B_{13} + D_{13}) + A_1 + G_1 - C_1]
\end{aligned}
$$

（8.10）

$$
\begin{aligned}
\frac{dy}{dt} &= y[U_2(Y) - \overline{U}_2] \\
&= y(1-y)[x(e_{12}B_{12} + B_{21} + D_{21} + F) + z(e_{32}B_{32} + B_{23} + D_{23}) + A_2 + G_2 - C_2]
\end{aligned}
$$

（8.11）

$$
\frac{dz}{dt} = z[U_3(Y) - \overline{U}_3]
$$

（8.12）

$$
= z(1-z)[x(e_{13}B_{13} + B_{31} + D_{31}) + y(e_{23}B_{23} + B_{32} + D_{32}) + A_3 + G_3 - C_3]
$$

令 $\dfrac{dx}{dt} = 0$, $\dfrac{dy}{dt} = 0$, $\dfrac{dz}{dt} = 0$, 可以得到 14 个均衡点, 分别为 $N_0(0,0,0)$, $N_1(1,0,0)$, $N_2(0,1,0)$, $N_3(0,0,1)$, $N_4(1,0,1)$, $N_5(1,1,0)$, $N_6(0,1,1)$, $N_7(1,1,1)$,

$$
N_8\left(0, \frac{C_3 - A_3 - G_3}{e_{23}B_{23} + B_{32} + D_{32}}, \frac{C_2 - A_2 - G_2}{e_{32}B_{32} + B_{23} + D_{23}}\right),
$$

$$
N_9\left(\frac{C_3 - A_3 - G_3}{e_{13}B_{13} + B_{31} + D_{31}}, 0, \frac{C_1 - A_1 - G_1}{e_{31}B_{31} + B_{13} + D_{13}}\right),
$$

$$
N_{10}\left(\frac{C_2 - A_2 - G_2}{e_{12}B_{12} + B_{21} + D_{21} + F}, \frac{C_1 - A_1 - G_1}{e_{21}B_{21} + B_{12} + D_{12} - F}, 0\right),
$$

$$
N_{11}\left(1, \frac{C_3 - A_3 - G_3 - (e_{13}B_{13} + B_{31} + D_{31})}{e_{23}B_{23} + B_{32} + D_{32}}, \frac{C_2 - A_2 - G_2 - (e_{12}B_{12} + B_{21} + D_{21} + F)}{e_{32}B_{32} + B_{23} + D_{23}}\right),
$$

$$
N_{12}\left(\frac{C_3 - A_3 - G_3 - (e_{23}B_{23} + B_{32} + D_{32})}{e_{13}B_{13} + B_{31} + D_{31}}, 1, \frac{C_1 - A_1 - G_1 - (e_{21}B_{21} + B_{12} + D_{12} - F)}{e_{31}B_{31} + B_{13} + D_{13}}\right),
$$

$$N_{13}\left(\frac{C_2 - A_2 - G_2 - (e_{32}B_{32} + B_{23} + D_{23})}{e_{12}B_{12} + B_{21} + D_{21} + F}, \frac{C_1 - A_1 - G_1 - (e_{31}B_{31} + B_{13} + D_{13})}{e_{21}B_{21} + B_{12} + D_{12} - F}, 1\right).$$

进一步，由上述三个复制动态方程得到雅可比矩阵为

$$\boldsymbol{K} = \begin{bmatrix} H_{11} & H_{12} & H_{13} \\ H_{21} & H_{22} & H_{23} \\ H_{31} & H_{32} & H_{33} \end{bmatrix} \tag{8.13}$$

其中，$H_{11} = (1 - 2x)[y(e_{21}B_{21} + B_{12} + D_{12} - F) + z(e_{31}B_{31} + B_{13} + D_{13}) + A_1 + G_1 - C_1]$，
$H_{12} = x(1 - x)(e_{21}B_{21} + B_{12} + D_{12} - F)$，　$H_{13} = x(1 - x)(e_{31}B_{31} + B_{13} + D_{13})$，
$H_{21} = y(1 - y)(e_{12}B_{12} + B_{21} + D_{21} + F)$，
$H_{22} = (1 - 2y)[x(e_{12}B_{12} + B_{21} + D_{21} + F) + z(e_{32}B_{32} + B_{23} + D_{23}) + A_2 + G_2 - C_2]$，
$H_{23} = y(1 - y)(e_{32}B_{32} + B_{23} + D_{23})$，　$H_{31} = z(1 - z)(e_{13}B_{13} + B_{31} + D_{31})$，
$H_{32} = z(1 - z)(e_{23}B_{23} + B_{32} + D_{32})$，
$H_{33} = (1 - 2z)[x(e_{13}B_{13} + B_{31} + D_{31}) + y(e_{23}B_{23} + B_{32} + D_{32}) + A_3 + G_3 - C_3]$。

8.3　信任演化博弈的稳定性分析

从模型假设可以看出，当地方政府1、地方政府2、地方政府3均采取信任策略时，区域才能够顺利地进行大气污染协同治理。令 $L_{ij} = B_{ij} + D_{ij} + e_{ji}B_{ji}$（$i = 1,2,3$，$j = 1,2,3$，$i \neq j$），表示地方政府$i$和地方政府$j$均采取信任策略时，地方政府$i$可以获得的协同总效益（包括协同加成效益、协同间接效益和源自合作地区的协同溢出效益）。特别的，对于地方政府1而言，与地方政府2合作产生的协同总效益，应该大于其支付给地方政府2的生态补偿，即 $L_{12} > F$。同时，任何一个初始点及其演化后的点在三维空间 $V = \{(x, y, z) \mid 0 \leqslant x \leqslant 1, 0 \leqslant y \leqslant 1, 0 \leqslant z \leqslant 1\}$ 内才有意义。

1. 情况1

$A_i + G_i > C_i$（$i = 1,2,3$），表示在区域大气污染协同治理的信任演化博弈中，每个地方政府采取信任策略所获得的直接治理效益与所弥补的潜在损失之和大于风险成本。此时，点 $N_8 \sim N_{13}$ 不在演化博弈的三维空间 V 内。通过雅可比矩阵 $\boldsymbol{K}$ 对均衡点 $N_0 \sim N_7$ 进行局部稳定性分析，如表8.2所示。

表 8.2　均衡点的局部稳定性分析

均衡点	雅可比矩阵 $\boldsymbol{K}$ 的特征值	结果
$N_0(0,0,0)$	$A_1 + G_1 - C_1$（ >0， <0， <0， <0） $A_2 + G_2 - C_2$（ >0， <0， <0， <0） $A_3 + G_3 - C_3$（ >0， <0， <0， <0）	情况1：不稳定点 情况2：稳定点 情况3：稳定点 情况4：稳定点

均衡点	雅可比矩阵 K 的特征值	结果
$N_1(1,0,0)$	$-(A_1+G_1-C_1)$（<0，>0，>0，>0） $L_{21}+F+A_2+G_2-C_2$（>0，>0，$\otimes$，$\otimes$） $L_{31}+A_3+G_3-C_3$（>0，>0，<0，<0）	不稳定点
$N_2(0,1,0)$	$L_{12}-F+A_1+G_1-C_1$（>0，$\otimes$，<0，<0） $-(A_2+G_2-C_2)$（<0，>0，>0，>0） $L_{32}+A_3+G_3-C_3$（>0，>0，<0，<0）	不稳定点
$N_3(0,0,1)$	$L_{13}+A_1+G_1-C_1$（>0，>0，<0，<0） $L_{23}+A_2+G_2-C_2$（>0，>0，<0，<0） $-(A_3+G_3-C_3)$（<0，>0，>0，>0）	不稳定点
$N_4(1,0,1)$	$-L_{13}-(A_1+G_1-C_1)$（<0，<0，>0，>0） $L_{21}+F+L_{23}+A_2+G_2-C_2$（$>0$，$>0$，$>0$，$\otimes$） $-L_{31}-(A_3+G_3-C_3)$（<0，<0，>0，>0）	不稳定点
$N_5(1,1,0)$	$-(L_{12}-F)-(A_1+G_1-C_1)$（$<0$，$\otimes$，$>0$，$>0$） $-(L_{21}+F)-(A_2+G_2-C_2)$（$<0$，$<0$，$\otimes$，$\otimes$） $L_{31}+L_{32}+A_3+G_3-C_3$（$>0$，$>0$，$>0$，$<0$）	不稳定点
$N_6(0,1,1)$	$L_{12}-F+L_{13}+A_1+G_1-C_1$（$>0$，$>0$，$\otimes$，$<0$） $-L_{23}-(A_2+G_2-C_2)$（<0，<0，>0，>0） $-L_{32}-(A_3+G_3-C_3)$（<0，<0，>0，>0）	不稳定点
$N_7(1,1,1)$	$-(L_{12}-F+L_{13})-(A_1+G_1-C_1)$（$<0$，$<0$，$\otimes$，$>0$） $-(L_{21}+F+L_{23})-(A_2+G_2-C_2)$（$<0$，$<0$，$<0$，$\otimes$） $-(L_{31}+L_{32})-(A_3+G_3-C_3)$（$<0$，$<0$，$<0$，$>0$）	情况1：稳定点 情况2：稳定点 情况3：分情形讨论 情况4：不稳定点
$N_8 \sim N_{13}$	存在符号相异的特征值	鞍点

注：第二列括号中的不等式表示特征值在不同情况下的正负情况，$\otimes$ 表示无法判定。

从表 8.2 可以看出，均衡点 $N_7(1,1,1)$ 为演化稳定点，即（信任，信任，信任）为演化稳定策略。因此，只要所获得的直接治理效益与所弥补的潜在损失之和大于风险成本，各个地方政府就会在区域大气污染协同治理过程中，最终达到（信任，信任，信任）的稳定均衡状态。

2. 情况 2

$A_i+G_i<C_i<A_i+G_i+L_{ij}$（$i=1,2,3$，$j=1,2,3$，$i\neq j$），表示在区域大气污染协同治理的信任演化博弈中，每个地方政府采取信任策略所获得的直接治理效益与所弥补的潜在损失之和小于风险成本，但考虑与周边任一地方政府合作产生的协同总效益，又足以补偿其风险成本。此时，

（1）如果生态补偿 $F < A_1 + G_1 - C_1 + L_{12}$，则点 $N_{11} \sim N_{13}$ 不在三维空间 V 内；点 N_8 在面 $S_1 = \{(x,y,z) \mid x = 0, 0 \leqslant y \leqslant 1, 0 \leqslant z \leqslant 1\}$ 上；点 N_9 在面 $S_2 = \{(x,y,z) \mid 0 \leqslant x \leqslant 1, y = 0, 0 \leqslant z \leqslant 1\}$ 上；点 N_{10} 在面 $S_3 = \{(x,y,z) \mid 0 \leqslant x \leqslant 1, 0 \leqslant y \leqslant 1, z = 0\}$ 上。通过雅可比矩阵 $\boldsymbol{K}$ 对均衡点 $N_0 \sim N_{10}$ 进行局部稳定性分析，如表 8.2 所示。

可以看出，均衡点 $N_0(0,0,0)$、$N_7(1,1,1)$ 均为演化稳定点，点 $N_8 \sim N_{10}$ 为鞍点，演化路径如图 8.1 所示。

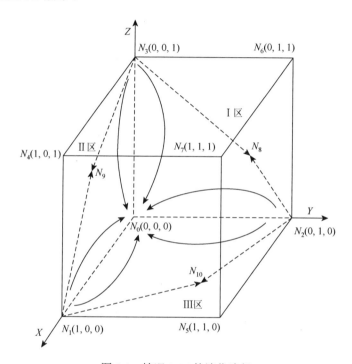

图 8.1　情况 2-(1) 的演化路径

如果三个地方政府的初始状态落在点 $N_0 \sim N_3$、$N_8 \sim N_{10}$ 所形成的空间内，其信任策略选择将最终演化到点 $N_0(0,0,0)$，即（不信任，不信任，不信任）的稳定均衡状态；如果落在此空间外（但仍在三维空间 V 内），则会逐渐演化到点 $N_7(1,1,1)$，即（信任，信任，信任）的稳定均衡状态。

由于不规则空间的体积难以准确计算，参考翟丽丽等（2014）的研究思路，以表面积的方式，近似表征演化到点 $N_7(1,1,1)$ 的可能性与各个参数之间的关系。在图 8.1 中，面 S_4、S_5、S_6 和区域 I、II、III 上的点均会演化到点 $N_7(1,1,1)$。其中，面 $S_4 = \{(x,y,z) \mid x = 1, 0 \leqslant y \leqslant 1, 0 \leqslant z \leqslant 1\}$，面 $S_5 = \{(x,y,z) \mid 0 \leqslant x \leqslant 1, y = 1, 0 \leqslant z \leqslant 1\}$，面 $S_6 = \{(x,y,z) \mid 0 \leqslant x \leqslant 1, 0 \leqslant y \leqslant 1, z = 1\}$，区域 I 为四边形 $N_3 N_6 N_2 N_8$，区域 II 为四边形 $N_3 N_4 N_1 N_9$，区域 III 为四边形 $N_1 N_5 N_2 N_{10}$，其面积之和可以表示为

$$Q_1 = 6 - \frac{1}{2}\left(\frac{C_3 - A_3 - G_3}{e_{13}B_{13} + B_{31} + D_{31}} + \frac{C_3 - A_3 - G_3}{e_{23}B_{23} + B_{32} + D_{32}} + \frac{C_2 - A_2 - G_2}{e_{32}B_{32} + B_{23} + D_{23}} \right.$$

$$\left. + \frac{C_2 - A_2 - G_2}{e_{12}B_{12} + B_{21} + D_{21} + F} + \frac{C_1 - A_1 - G_1}{e_{21}B_{21} + B_{12} + D_{12} - F} + \frac{C_1 - A_1 - G_1}{e_{31}B_{31} + B_{13} + D_{13}} \right)$$

$$(8.14)$$

由于面 S_4、S_5、S_6 的面积恒为 1，如果区域 I、II、III 的面积越大，演化到点 $N_7(1,1,1)$ 的可能性就越大。影响区域 I、II、III 面积的参数即为影响信任演化路径的参数。

（2）如果生态补偿 $F > A_1 + G_1 - C_1 + L_{12}$，则点 $N_{10} \sim N_{13}$ 不在三维空间 V 内；点 N_8 在面 $S_1 = \{(x,y,z) \mid x = 0, 0 \leqslant y \leqslant 1, 0 \leqslant z \leqslant 1\}$ 上；点 N_9 在面 $S_2 = \{(x,y,z) \mid 0 \leqslant x \leqslant 1, y = 0, 0 \leqslant z \leqslant 1\}$ 上。通过雅可比矩阵 $\boldsymbol{K}$ 对均衡点 $N_0 \sim N_9$ 进行局部稳定性分析，如表 8.2 所示。

可以看出，均衡点 $N_0(0,0,0)$、$N_7(1,1,1)$ 均为演化稳定点，点 N_8、N_9 为鞍点，演化路径如图 8.2 所示。

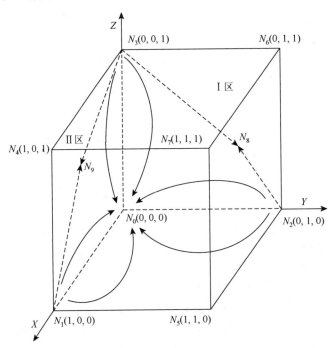

图 8.2　情况 2-(2)的演化路径

与情况 2-(1)的分析过程类似，面 S_4、S_5、S_6 和区域 I、II 上的点均会演化到点 $N_7(1,1,1)$，其面积之和可以表示为

$$Q_2 = 5 - \frac{1}{2}\left(\frac{C_3 - A_3 - G_3}{e_{13}B_{13} + B_{31} + D_{31}} + \frac{C_3 - A_3 - G_3}{e_{23}B_{23} + B_{32} + D_{32}} \right.$$

$$\left. + \frac{C_2 - A_2 - G_2}{e_{32}B_{32} + B_{23} + D_{23}} + \frac{C_1 - A_1 - G_1}{e_{31}B_{31} + B_{13} + D_{13}} \right) \tag{8.15}$$

3. 情况 3

$A_i + G_i + L_{ij} < C_i < A_i + G_i + L_{ij} + L_{im}$（$i = 1,2,3$，$j = 1,2,3$，$i \neq j$ 和 m，$j \neq m$），表示在区域大气污染协同治理的信任演化博弈中，每个地方政府采取信任策略所获得的直接治理效益、所弥补的潜在损失、与周边任一地方政府合作所产生的协同总收益之和，小于风险成本，但同时考虑与周边两个地方政府合作所产生的协同总效益，又足以弥补其风险成本。此时，

（1）如果生态补偿 $F > A_1 + G_1 - C_1 + L_{12} + L_{13}$，从表 8.2 可以看出，均衡点 $N_0(0,0,0)$ 为演化稳定点，即各个地方政府最终只能达到（不信任，不信任，不信任）的稳定均衡状态。因此，不作进一步讨论。

（2）如果生态补偿 $F < A_1 + G_1 - C_1 + L_{12} + L_{13}$，且 $F < C_2 - A_2 - G_2 - L_{21}$，则点 $N_8 \sim N_{10}$ 不在三维空间 V 内；点 N_{11} 在面 $S_4 = \{(x,y,z) \mid x = 1, 0 \leqslant y \leqslant 1, 0 \leqslant z \leqslant 1\}$ 上；点 N_{12} 在面 $S_5 = \{(x,y,z) \mid 0 \leqslant x \leqslant 1, y = 1, 0 \leqslant z \leqslant 1\}$ 上；点 N_{13} 在面 $S_6 = \{(x,y,z) \mid 0 \leqslant x \leqslant 1, 0 \leqslant y \leqslant 1, z = 1\}$ 上。通过雅可比矩阵 $\boldsymbol{K}$ 对均衡点 $N_0 \sim N_7$、$N_{11} \sim N_{13}$ 进行局部稳定性分析，如表 8.2 所示。

可以看出，均衡点 $N_0(0,0,0)$、$N_7(1,1,1)$ 均为演化稳定点，点 $N_{11} \sim N_{13}$ 为鞍点，演化路径如图 8.3 所示。

在图 8.3 中，区域Ⅳ为四边形 $N_4 N_7 N_5 N_{11}$，区域Ⅴ为四边形 $N_7 N_6 N_{12} N_5$，区域Ⅵ为四边形 $N_7 N_4 N_{13} N_6$。同理，区域Ⅳ、Ⅴ、Ⅵ上的点均会演化到点 $N_7(1,1,1)$，其面积之和可以表示为

$$Q_3 = 3 - \frac{1}{2}\left(\frac{C_3 - A_3 - G_3 - (e_{13}B_{13} + B_{31} + D_{31})}{e_{23}B_{23} + B_{32} + D_{32}} + \frac{C_3 - A_3 - G_3 - (e_{23}B_{23} + B_{32} + D_{32})}{e_{13}B_{13} + B_{31} + D_{31}} \right.$$

$$+ \frac{C_2 - A_2 - G_2 - (e_{12}B_{12} + B_{21} + D_{21} + F)}{e_{32}B_{32} + B_{23} + D_{23}} + \frac{C_2 - A_2 - G_2 - (e_{32}B_{32} + B_{23} + D_{23})}{e_{12}B_{12} + B_{21} + D_{21} + F}$$

$$\left. + \frac{C_1 - A_1 - G_1 - (e_{21}B_{21} + B_{12} + D_{12} - F)}{e_{31}B_{31} + B_{13} + D_{13}} + \frac{C_1 - A_1 - G_1 - (e_{31}B_{31} + B_{13} + D_{13})}{e_{21}B_{21} + B_{12} + D_{12} - F} \right)$$

$$\tag{8.16}$$

（3）如果生态补偿 $F < A_1 + G_1 - C_1 + L_{12} + L_{13}$，且 $F > C_2 - A_2 - G_2 - L_{21}$，则点 $N_8 \sim N_{11}$ 不在三维空间 V 内；点 N_{12} 在面 $S_5 = \{(x,y,z) \mid 0 \leqslant x \leqslant 1, y = 1, 0 \leqslant z \leqslant 1\}$

上；点 N_{13} 在面 $S_6 = \{(x, y, z) \mid 0 \leqslant x \leqslant 1, 0 \leqslant y \leqslant 1, z = 1\}$ 上。通过雅可比矩阵 $\boldsymbol{K}$ 对均衡点 $N_0 \sim N_7$、N_{12} 和 N_{13} 进行局部稳定性分析，如表 8.2 所示。

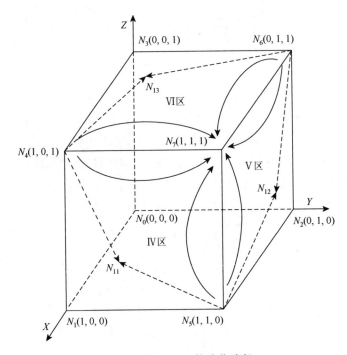

图 8.3　情况 3-(2)的演化路径

可以看出，均衡点 $N_0(0,0,0)$、$N_7(1,1,1)$ 均为演化稳定点，点 N_{12}、N_{13} 为鞍点，演化路径如图 8.4 所示。

面 S_4 和区域 V、VI 上的点均会演化到点 $N_7(1,1,1)$，其面积之和可以表示为

$$Q_4 = 3 - \frac{1}{2}\left(\frac{C_3 - A_3 - G_3 - (e_{23}B_{23} + B_{32} + D_{32})}{e_{13}B_{13} + B_{31} + D_{31}} + \frac{C_2 - A_2 - G_2 - (e_{32}B_{32} + B_{23} + D_{23})}{e_{12}B_{12} + B_{21} + D_{21} + F} \right.$$
$$\left. + \frac{C_1 - A_1 - G_1 - (e_{21}B_{21} + B_{12} + D_{12} - F)}{e_{31}B_{31} + B_{13} + D_{13}} + \frac{C_1 - A_1 - G_1 - (e_{31}B_{31} + B_{13} + D_{13})}{e_{21}B_{21} + B_{12} + D_{12} - F} \right)$$

$$(8.17)$$

4. 情况 4

$C_i > A_i + G_i + L_{ij} + L_{im}$（$i = 1, 2, 3$，$j = 1, 2, 3$，$m = 1, 2, 3$，$i \neq j$ 和 m，$j \neq m$），表示在区域大气污染协同治理的信任演化博弈中，每个地方政府采取信任策略所

获得的直接治理效益、所弥补的潜在损失、与周边两个地方政府合作所产生的协同总收益之和仍然小于风险成本。此时，点 $N_8 \sim N_{13}$ 不在三维空间 V 内。通过雅克比矩阵 $\boldsymbol{K}$ 对均衡点 $N_0 \sim N_7$ 进行局部稳定性分析，如表 8.2 所示。

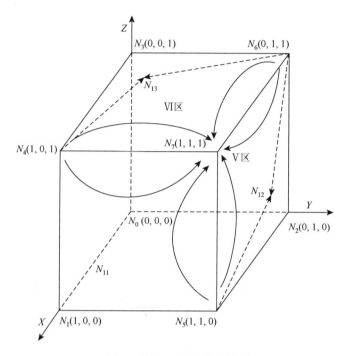

图 8.4　情况 3-(3) 的演化路径

可以看出，均衡点 $N_0(0,0,0)$ 为演化稳定点。因此，如果所承担的风险成本大于 $A_i + G_i + L_{ij} + L_{im}$，各个地方政府就会在区域大气污染协同治理过程中，最终达到（不信任，不信任，不信任）的稳定均衡状态。

8.4　演化博弈结果分析

根据情况 1 的分析结果，可以得到结论 8.1。

结论 8.1： 当 $A_i + G_i > C_i$（$i = 1, 2, 3$）时，三个地方政府最终一定会达到（信任，信任，信任）的稳定均衡状态。

综合情况 3-(1) 和情况 4 的分析结果，可以得到结论 8.2。

结论 8.2： 当 $C_i > A_i + G_i + L_{ij} + L_{im}$ 或 $A_i + G_i + L_{ij} < C_i < A_i + G_i + L_{ij} + L_{im}$ 且 $F > A_1 + G_1 - C_1 + L_{12} + L_{13}$（$i = 1, 2, 3$，$j = 1, 2, 3$，$m = 1, 2, 3$，$i \neq j$ 和 m，$j \neq m$）时，三个地方政府最终只能够达到（不信任，不信任，不信任）的稳定均衡状态。

根据情况 2-(1) 的分析结果，当 $A_i + G_i < C_i < A_i + G_i + L_{ij}$ 且 $F < A_1 + G_1 - C_1 + L_{12}$（$i=1,2,3$，$j=1,2,3$，$i \neq j$）时，三个地方政府最终达到（信任，信任，信任）稳定均衡状态的近似概率为 $R_1 = Q_1 / 6$。由式（8.14）可知，影响信任概率 R_1 的参数包括直接治理效益 A_i、协同加成效益 B_{ij}、协同间接效益 D_{ij}、风险成本 C_i、潜在损失 G_i、生态补偿数额 F。因此，需要进一步分析各个参数对信任概率 R_1 的影响。

（1）直接治理效益 A_i 对信任概率 R_1 的影响。对信任概率 R_1 求关于 A_1 的一阶偏导，可以得到

$$\frac{\partial R_1}{\partial A_1} = \frac{1}{12(e_{31}B_{31} + B_{13} + D_{13})} + \frac{1}{12(e_{21}B_{21} + B_{12} + D_{12} - F)} \tag{8.18}$$

$\frac{\partial R_1}{\partial A_1} > 0$，同理 $\frac{\partial R_1}{\partial A_2} > 0$，$\frac{\partial R_1}{\partial A_3} > 0$。因此，信任概率 R_1 是直接治理效益 A_i 的增函数，随着直接治理效益 A_i 的增加，三个地方政府最终达到（信任，信任，信任）稳定均衡状态的可能性增大。

（2）协同加成效益 B_{ij} 对信任概率 R_1 的影响。对信任概率 R_1 求关于 B_{12} 的一阶偏导，可以得到

$$\frac{\partial R_1}{\partial B_{12}} = \frac{C_1 - A_1 - G_1}{12(e_{21}B_{21} + B_{12} + D_{12} - F)^2} + \frac{e_{12}(C_2 - A_2 - G_2)}{12(e_{12}B_{12} + B_{21} + D_{21} + F)^2} \tag{8.19}$$

$\frac{\partial R_1}{\partial B_{12}} > 0$，同理 $\frac{\partial R_1}{\partial B_{13}} > 0$，$\frac{\partial R_1}{\partial B_{21}} > 0$，$\frac{\partial R_1}{\partial B_{23}} > 0$，$\frac{\partial R_1}{\partial B_{31}} > 0$，$\frac{\partial R_1}{\partial B_{32}} > 0$。因此，信任概率 R_1 是协同加成效益 B_{ij} 的增函数，随着协同加成效益 B_{ij} 的增加，三个地方政府最终达到（信任，信任，信任）稳定均衡状态的可能性增大。

（3）协同间接效益 D_{ij} 对信任概率 R_1 的影响。对信任概率 R_1 求关于 D_{12} 的一阶偏导，可以得到

$$\frac{\partial R_1}{\partial D_{12}} = \frac{C_1 - A_1 - G_1}{12(e_{21}B_{21} + B_{12} + D_{12} - F)^2} \tag{8.20}$$

$\frac{\partial R_1}{\partial D_{12}} > 0$，同理 $\frac{\partial R_1}{\partial D_{13}} > 0$，$\frac{\partial R_1}{\partial D_{21}} > 0$，$\frac{\partial R_1}{\partial D_{23}} > 0$，$\frac{\partial R_1}{\partial D_{31}} > 0$，$\frac{\partial R_1}{\partial D_{32}} > 0$。因此，信任概率 R_1 是协同间接效益 D_{ij} 的增函数，随着协同间接效益 D_{ij} 的增加，三个地方政府最终达到（信任，信任，信任）稳定均衡状态的可能性增大。

（4）风险成本 C_i 对信任概率 R_1 的影响。对信任概率 R_1 求关于 C_1 的一阶偏导，可以得到

$$\frac{\partial R_1}{\partial C_1} = -\frac{1}{12(e_{31}B_{31} + B_{13} + D_{13})} - \frac{1}{12(e_{21}B_{21} + B_{12} + D_{12} - F)} \tag{8.21}$$

$\dfrac{\partial R_1}{\partial C_1}<0$，同理 $\dfrac{\partial R_1}{\partial C_2}<0$，$\dfrac{\partial R_1}{\partial C_3}<0$。因此，信任概率 R_1 是风险成本 C_i 的减函数，随着风险成本 C_i 的降低，三个地方政府最终达到（信任，信任，信任）稳定均衡状态的可能性增大。

（5）潜在损失 G_i 对信任概率 R_1 的影响。对信任概率 R_1 求关于 G_1 的一阶偏导，可以得到

$$\frac{\partial R_1}{\partial G_1}=\frac{1}{12(e_{31}B_{31}+B_{13}+D_{13})}+\frac{1}{12(e_{21}B_{21}+B_{12}+D_{12}-F)} \tag{8.22}$$

$\dfrac{\partial R_1}{\partial G_1}>0$，同理 $\dfrac{\partial R_1}{\partial G_2}>0$，$\dfrac{\partial R_1}{\partial G_3}>0$。因此，信任概率 R_1 是潜在损失 G_i 的增函数，随着潜在损失 G_i 的增加，三个地方政府最终达到（信任，信任，信任）稳定均衡状态的可能性增大。

（6）生态补偿 F 对信任概率 R_1 的影响。对信任概率 R_1 求关于 F 的一阶偏导，可以得到

$$\frac{\partial R_1}{\partial F}=\frac{C_2-A_2-G_2}{12(e_{12}B_{12}+B_{21}+D_{21}+F)^2}-\frac{C_1-A_1-G_1}{12(e_{21}B_{21}+B_{12}+D_{12}-F)^2} \tag{8.23}$$

显然，R_1 不是关于 F 的单调函数，对其进一步求 F 的二阶偏导，可以得到

$$\frac{\partial^2 R_1}{\partial F^2}=-\frac{C_2-A_2-G_2}{6(e_{12}B_{12}+B_{21}+D_{21}+F)^3}-\frac{C_1-A_1-G_1}{6(e_{21}B_{21}+B_{12}+D_{12}-F)^3} \tag{8.24}$$

$\dfrac{\partial^2 R_1}{\partial F^2}<0$，说明信任概率 R_1 是关于 F 的凹函数，存在一个极大值点 F^*，使三个地方政府最终达到（信任，信任，信任）稳定均衡状态的可能性最大。

参照上述过程，对情况 2-(2)、情况 3-(2)、情况 3-(3)也作了进一步分析，得到了相同的定性结果。由此，可以得到结论 8.3。

结论 8.3： 当 $A_i+G_i<C_i<A_i+G_i+L_{ij}$ 或 $A_i+G_i+L_{ij}<C_i<A_i+G_i+L_{ij}+L_{im}$ 且 $F<A_1+G_1-C_1+L_{12}+L_{13}$（$i=1,2,3$，$j=1,2,3$，$m=1,2,3$，$i\neq j$ 和 m，$j\neq m$）时，通过提高直接治理效益、协同加成效益、协同间接效益，降低风险成本，显化潜在损失，并合理确定生态补偿数额，才能够提高三个地方政府最终达到（信任，信任，信任）稳定均衡状态的概率。

8.5　算例验证

本节通过仿真算例，对模型求解结果和相关结论进行了验证。假设三个地区的直接治理效益 $A_1=700$、$A_2=800$、$A_3=900$；协同加成效益 $B_{12}=350$、$B_{13}=200$、

$B_{21} = 150$、$B_{23} = 180$、$B_{31} = 150$、$B_{32} = 200$；协同间接效益 $D_{12} = 200$、$D_{13} = 120$、$D_{21} = 100$、$D_{23} = 120$、$D_{31} = 100$、$D_{32} = 100$；潜在损失 $G_1 = 250$、$G_2 = 200$、$G_3 = 200$；环境溢出率 $e_{12} = 0.15$、$e_{13} = 0.20$、$e_{21} = 0.4$、$e_{23} = 0.24$、$e_{31} = 0.18$、$e_{32} = 0.28$；风险成本 $C_1 = 1700$、$C_2 = 1500$、$C_3 = 1550$；生态补偿数额 $F = 100$。

上述赋值符合情况 3-(2)的条件，即 $A_i + G_i + L_{ij} < C_i < A_i + G_i + L_{ij} + L_{im}$ 且 $F < A_1 + G_1 - C_1 + L_{12} + L_{13}$，$F < C_2 - A_2 - G_2 - L_{21}$（$i = 1,2,3$，$j = 1,2,3$，$m = 1,2,3$，$i \neq j$ 和 m，$j \neq m$）。此时，面积之和 $Q_3 = 1.52$，达到（信任，信任，信任）稳定均衡状态的近似概率 $R_3 = 0.25$。在稳定均衡状态下，地区 1 的总收益为 447，地区 2 的总收益为 487.5，地区 3 的总收益为 421.2。

进一步，运用 Maple15 数值模拟各个参数对信任概率 R_3 变化趋势的影响。

（1）直接治理效益对信任概率的影响。假设地区 1 的直接治理效益 A_1 在区间 $[600,800]$ 变动，其他参数取值不变。直接治理效益 A_1 对信任概率 R_3 的影响关系如图 8.5 所示。

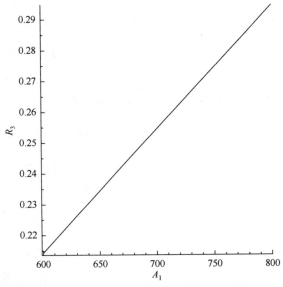

图 8.5　直接治理效益 A_1 对信任概率 R_3 的影响

从图 8.5 可以看出，随着直接治理效益 A_1 的提高，达到（信任，信任，信任）稳定均衡状态的近似概率 R_3 不断增大。对直接治理效益 A_2 和 A_3 的数值模拟结果与此相似，不再赘述。

（2）协同加成效益对信任概率的影响。假设地区 1 与地区 2 合作产生的协同加成效益 B_{12} 在区间 $[250,450]$ 变动，其他参数取值不变。协同加成效益 B_{12} 对信任概率 R_3 的影响关系如图 8.6 所示。

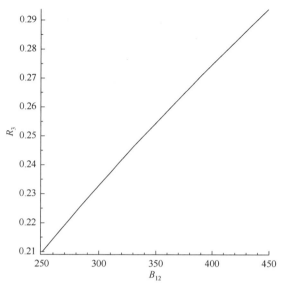

图 8.6　协同加成效益 B_{12} 对信任概率 R_3 的影响

从图 8.6 可以看出，随着协同加成效益 B_{12} 的提高，达到（信任，信任，信任）稳定均衡状态的近似概率 R_3 不断增大。对协同加成效益 B_{13}、B_{21}、B_{23}、B_{31} 和 B_{32} 的数值模拟结果与此相似，不再赘述。

（3）协同间接效益对信任概率的影响。假设地区 1 与地区 2 合作产生的协同间接效益 D_{12} 在区间 [100,300] 变动，其他参数取值不变。协同间接效益 D_{12} 对信任概率 R_3 的影响关系如图 8.7 所示。

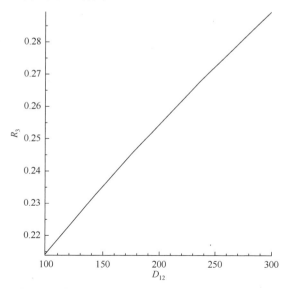

图 8.7　协同间接效益 D_{12} 对信任概率 R_3 的影响

从图 8.7 可以看出，随着协同间接效益 D_{12} 的提高，达到（信任，信任，信任）稳定均衡状态的近似概率 R_3 不断增大。对协同间接效益 D_{13}、D_{21}、D_{23}、D_{31} 和 D_{32} 的数值模拟结果与此相似，不再赘述。

（4）风险成本对信任概率的影响。假设地区 1 承担的风险成本 C_1 在区间 $[1600,1800]$ 变动，其他参数取值不变。风险成本 C_1 对信任概率 R_3 的影响关系如图 8.8 所示。

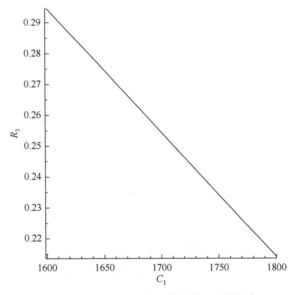

图 8.8　风险成本 C_1 对信任概率 R_3 的影响

从图 8.8 可以看出，随着风险成本 C_1 的提高，达到（信任，信任，信任）稳定均衡状态的近似概率 R_3 不断降低。对风险成本 C_2 和 C_3 的数值模拟结果与此相似，不再赘述。

（5）潜在损失对信任概率的影响。假设地区 1 的潜在损失，即地方政府不作为导致的污染加剧程度 G_1 在区间 $[150,350]$ 变动，其他参数取值不变。潜在损失 G_1 对信任概率 R_3 的影响关系如图 8.9 所示。

从图 8.9 可以看出，随着潜在损失 G_1 的提高，达到（信任，信任，信任）稳定均衡状态的近似概率 R_3 不断增大。对潜在损失 G_2 和 G_3 的数值模拟结果与此相似，不再赘述。

（6）生态补偿数额对信任概率的影响。假设地区 1 对地区 2 的生态补偿数额 F 在区间 $[0,180]$ 变动，其他参数取值不变。生态补偿数额 F 对信任概率 R_3 的影响关系如图 8.10 所示。

从图 8.10 可以看出，随着生态补偿数额 F 的提高，达到（信任，信任，信任）

稳定均衡状态的近似概率 R_3 呈现先增大后减小的趋势。当 $F^* = 32.66$ 时， R_3 达到最大值，三个地方政府均采取信任策略的可能性最大。

除此之外，对其他情况也进行了数值模拟，其结果均与理论推导保持一致，此处不再逐一列出。

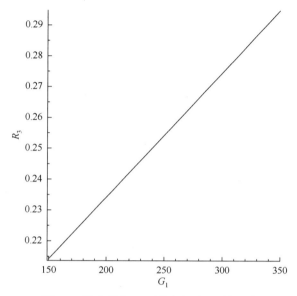

图 8.9　潜在损失 G_1 对信任概率 R_3 的影响

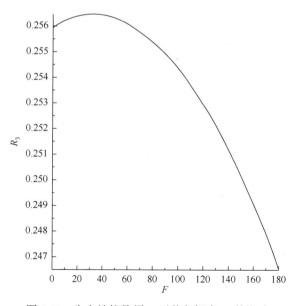

图 8.10　生态补偿数额 F 对信任概率 R_3 的影响

第9章　区域大气污染协同治理的发展路径

9.1　培育"区域协同治理"价值理念

价值理念是行为的先导。现阶段，很多地区大气污染的治理意愿、治理形式仍然受到传统行政区划和属地治理模式的约束，很难适应当前的公共管理发展趋势，这种传统治理理念和治理方式具有较强的独立性和相对封闭性。另外，目前我国很多地区都开始了区域经济一体化的探索，这就使得传统的分区管理体系难以适应当前的经济发展，对于在经济发展过程中暴露出来的种种问题，也因为这种传统模式的约束，从而将问题长期搁置，甚至让问题不断扩大。因此，地方政府需要跳出行政区划的束缚，由过去传统的"内向型行政"向"跨区域协同治理"转变。尤其是，面对具有整体性、流动性和扩散性特征的大气污染问题，地方政府更应该充分认识到协作的重要性。

然而，虽然一些地方政府已经认识到传统治理模式存在的种种制约和弊端，也有很多积极的改变思路，但是大气污染治理需要面对多个地区之间的利益矛盾，甚至有些地区之间的利益关系错综复杂，这使各个地方政府之间合作和联动的可能性大大降低。分析原因，主要还是地方政府的价值理念没有达成共识。在合作中，大多数地方政府仍然思考的是自身利益，很难从整体上去思考区域目标的实现，从而在具体政策的制定和实施上仍然受到传统模式的束缚，最终变得"雷声大，雨点小"，"区域协同治理"仅仅变为一纸空文，在实践过程中并没有发挥出各个地方政府的资源优势，甚至还在合作中产生资源的互斥。

因此，区域大气污染协同治理要想真正地落实执行，首要解决的就是抛弃不合时宜的传统观念，并通过各种手段来统一各个地区"区域协同治理"的合作理念。此外，也需要通过加强对地方政府公务员的教育培训，从主观上积极引导其克服个体理性的局限性，逐步从个体理性向集体理性转变。一方面，使地方政府充分认识到所辖地区内大气生态环境的改善依赖于周边地区的共同贡献和合力支持，相互之间是一种"唇亡齿寒"的关系，从而在根本上提高区域协同意识，帮助地方政府走出"囚徒困境"的束缚；另一方面，由于资源禀赋和发展阶段的差异，各地区之间客观上存在着通过互利合作而实现治理效益最大化的相互需要。

当然，这种价值理念的转变和培养，更需要地方政府对实践发展变化的深刻认识，在实践中不断形成协同共识，通过共识促进相互认可、理解和支持，进而在实质上形成一个战略联盟共同体。同时，也需要中央层面在区域规划发展上的整体引导，不再以纯经济增长为目标，而是建立经济、生态、社会一体化的生态功能区建设；而地方政府在引导舆论进行区域协同发展宣传的同时，应引入或进一步强化环境治理方面的内容，使社会成员产生对大气污染"区域协同治理"价值观念的认同和支持。

9.2　完善区域大气污染协同治理的法律机制

通过第 3 章对国外大气污染治理先进经验的分析，可以看出，发达国家在大气污染治理和环境保护等方面具有非常完善的措施，通过各种切实可行的法律法规来强化地区的环境保护力度，并且对破坏大气环境的企业和个人给予非常明确和严厉的处罚。同时，也通过各种类型的联防联动法律法规，来强化地区间的协同合作，明确各个主体的权利和责任。因此，对于我国实施区域大气污染协同治理而言，同样只有制定和施行完善的法律法规，才能保障区域大气污染协同治理的有效达成，同时最大限度地降低沟通合作成本。

9.2.1　推进区域立法

大气污染协同治理，需要通过区域共同立法来制定、完善地区之间联防联动的法律法规。在立法过程中，不能采取"拿来主义"，必须要根据区域的环境污染现状和经济发展情况，制定适合本区域特色的法律内容。目前，我国法律体系，主要包括两种立法方式：一种是通过全国人民代表大会或国务院制定和推行的、适用于全国范围的法律；另一种是各个地方政府根据自身经济发展特点制定的适用于本地区的地方法律，但这些地方法律对其他地区不适用。在我国法制建设不断推进的过程中，逐渐形成了从中央到地方的严密的、清晰的法律体系，为我国的社会和经济发展发挥了重要作用。但是，随着区域经济一体化的发展，跨地区纠纷日益增多，传统的法律体系已经不能完全解决一切问题（李洪素，2016）。尤其对于大气污染治理问题，由于大气的流动性特征，跨地区污染成为常态，如果继续沿用过去的法律体制，就很难得到有效的防治。所以从立法角度来看，我国对于区域大气污染的法律依据也需要不断地完善和增强，只有有效地利用法律武器，才能真正有效地开展我国区域大气污染的协同治理工作。

目前对于区域立法协调机制的建立，在学术界还存在比较大的争议，主要有两种观点：第一种观点认为，在我国的法制环境中，需要通过我国最高立法机构的授权后，才可以联合相关地区的地方政府，组成区域立法行政委员会，制定统一适用的区域法律法规。第二种观点认为，各个地方政府之间就区域内部相关事宜，可以自行进行协商，达成一致共识后，形成行政协议，就可以实施协同合作。

结合第 4 章和第 5 章的结论，政府支持对大气污染协同治理具有关键影响，因此，为了推进区域大气污染协同治理的有效实施，应该采纳第一种观点，基于最高立法机构授权，形成具有权威性和强制力的法律法规，而不是行政协议。

区域大气污染联合立法的目的，在于共同协商、解决跨地区的大气污染法律法规问题。因此，区域行政立法委员会需要通过对区域内环境质量的跟踪调查，充分掌握区域大气环境的污染程度和特征，结合本区域经济发展趋势及其各个地区的发展差异，制定区域内通行的大气污染协同治理法律法规。在立法进程中，确定核心工作内容和工作方向，在考虑区域整体利益的基础上，划分重点防治工作、重点防治地区和次一级防治地区、优先防治领域，根据实际情况，先行制定一批区域法律，并根据治理力度的不断加强，逐渐向其他地区进行推广，逐步完善立法过程和立法内容。同时，区域行政立法机构要负责清理、调整地方行政规章中与区域法规存在冲突的条款，还应该负责调解不同地区之间就区域大气污染协同治理问题的立法冲突。

9.2.2　加强区域联合执法建设

区域行政立法委员会有效地制定了相关的法律法规，这为区域范围内的大气污染治理工作提供了必要的法律支撑。当然，仅仅进行区域立法仍是远远不够的，还需要有严格的执法力度，这样才能有效地体现出法律的权威性和约束性。所以，推进区域大气污染协同治理进程中，还必须根据制定的区域法律法规，进行有效的落实执行，并对之前存在的执法问题进行不断地纠正和改进，从而提升执法的力度和强度。首先，必须要加强大气污染的监管力度。区域范围内各个地方政府的环保部门需要根据本地区的环境污染情况进行如实汇报，对破坏地区大气环境的个人和企业要加大监管和处罚力度。同时，采取联合执法的方式，通过各地区各部门，如公安、消防、环保等部门，来增强地区的联合执法力度。对于那些问题比较突出的企业，要进行多方位、多时段的环境监管。这样就可以通过多部门参与，有效地提升大气污染监管的执法力度。而且，多部门协同参与的方式，也是当前大气污染治理工作的一种有效探索。在联合执法中，各个部门要各司其职，发挥自身特点和资源优势，积极对问题企业进行调查和监管，这样才可以有效提升本地区的大气污染治理效果。

其次，在区域大气污染协同治理过程中，还需要建立一套联席会议制度，通过这种制度，进一步保障区域大气污染联合执法的有效落实。联席会议的成员可以由各个地区负责相关工作的副市长、环保部门负责人、质监部门负责人、交通部门负责人等共同组成。联席会议的建立，是为了能够完善区域大气污染协同治理的工作流程，并迅速处理各个工作细节，有效汇集各个地区大气污染协同治理的执行情况。联席会议需要定期汇报区域大气污染协同治理的具体执法方案及其落实情况，并收集各地区、各部门在执法过程中遇到的问题，以及提出的建议，然后集中讨论下一阶段的工作重点和联合执法方案，共同协商解决在联防联动执法过程中遇到的难题。

9.3 健全区域大气污染协同治理的生态补偿机制

无论是区域经济一体化发展，还是区域公共问题的协同治理，当涉及多主体联动的问题时，必然存在区域内部分政府利益受损，而其他地方政府出现客观性获利的情况。如果不能解决这一现实问题，放任地方政府之间的利益关系冲突，那么就很难保证区域大气污染协同治理工作的有效开展，利益受损的地方政府不会允许自身利益一直受到损害，这也不符合本地区经济发展和公众利益的诉求。在协同治理实践中，实现整个区域大气环境质量的改善，需要地方政府限制，甚至关停部分污染企业，这必然在某种程度上影响该地区的经济利益。然而也有部分地方政府非常看重短期内地区经济的增长，不但不主动采取污染防治措施，还被动接受其他地区防治大气污染带来的环境效益，采取"我污染，你治理"的态度（李娜，2014）。这造成某些地方政府参与协同治理的积极性丧失，严重阻碍了大气污染协同治理的持续性和稳定性。

因此，要充分保证区域内各个地方政府的利益，提升各个地区继续参与协同治理的积极性，同时也能从整体利益出发，保障区域大气污染问题得到持续改善，就需要对那些为了维护区域整体大气环境利益而牺牲自身经济发展利益的地方政府给予适当的生态经济补偿。

首先，在给予生态经济补偿前，必须要明确进行补偿的主体和对象。补偿对象，就是指在实施区域大气污染协同治理过程中，损失了自身较大的经济利益而对大气治理做出了较多贡献的地区。而补偿主体就是在整个区域大气治理中支付相应的经济补偿的一方。在对补偿主体和补偿对象进行认定时，需要考虑两个方面的因素：一方面，补偿主体应该是区域内经济发展相对发达的地区，而且在整个区域大气污染协同治理中承担责任较少的一方；另一方面，补偿对象则是区域内经济发展相对落后的地区，重工业、重污染企业较多，承担了更多的大气污染减排和治理责任（李洪素，2016）。例如，在京津冀区域内，北京作为首都，拥有各方面充足的资源，主要集聚高端优势产业，而将带有污染排放性质的传统工业企业迁移至河北地区；河北地区集聚了大量的钢厂、煤厂等企业，大气污染问题较为严重，需要加大力度进行防治，但这些企业生产出的资源却需要供应给北京和天津消费；为了推进区域大气污染协同防治的顺利实施，北京和天津两地就需要对河北进行不同程度的生态经济补偿，同时提供技术支持，帮助河北提高工业生产效率，降低单位生产大气污染排放量。

其次，需要建立一套科学的方法体系，确定补偿的经济标准和数量。从理论上来说，就需要综合使用市场理论、生态服务理论和机会成本理论。但这些理论在实际应用中均存在一些难点。例如，地区之间的公共管理问题，难以完全遵循理想的市场经济条件构建基于市场交易的生态经济补偿体系，且生态服务功能损失程度和机会成本的确定也较为困难。因此，如何确定生态经济补偿的具体标准，成为区域大气污染协同治理中的关键理论问题。只有通过科学合理的理论研究，才能切实推进防治实践工作的进行。

同时，还需要解决生态补偿的资金来源和具体方式。一方面，经济发达的地区可以利用自身财政收入，直接通过横向财务转移的方式支付补偿对象相应的生态补偿资金，以承担自身作为补偿主体的责任。另一方面，经济发达地区应该更加注重以技术支持、产业投资等间接方式，对补偿对象实施补偿义务，将区域大气污染协同治理和区域经济一体化进程相结合。

9.4　搭建区域大气污染协同治理的信息共享平台

大气环境信息作为重要的基础性资源之一，对整个区域顺利推进协同治理具有非常大的价值。但是，现阶段地方政府之间协调渠道不畅，信息分享滞后，导致了各地方政府环保部门只能掌握本地区的数据，但这些数据资源都处于"条块分割"的状态，企业和社会公众对这些大气污染和治理的数据资源更是知之甚少，造成了协同治理过程中信息缺失和信息资源不对称，这容易导致决策失误和治理行动被动等问题（陶儒林，2016）。因此，要加强区域大气污染协同治理的效率和力度，必须打破"信息孤岛"，通过搭建区域大气污染协同治理的信息共享平台，完善信息资源的有效整合和公开共享。

搭建区域大气污染协同治理的信息共享平台，首先要打破目前"信息割据"的格局，将之前各地方政府环保部门独立的数据资源纳入共享池中，从而汇集整个区域的海量数据，保证信息的统一性和共享性。基于目前大数据、云计算等信息科学的不断发展，地方政府环保部门要转变理念认识，树立起信息共建和信息共享的大数据观，打破属地管理的利益思想，以搭建信息共享平台为契机，用长远的战略眼光来规划整个区域大气污染协同治理的大数据资源。

在平台建设方面，也必须要依托目前的计算机技术、网络技术，建立区域大气污染数据与事故共享平台。在统一区域大气污染协同治理环境标准的基础上，统一规划区域内各个地区的大气污染检测站点，统一监测频率和监测时空，通过整个区域的监测联网，保障对大气环境质量、大气污染状况和大气污染源的全程监测覆盖。将各个地区环保部门的监测数据定时传输至信息共享网站，形成一个来源广泛、相关度高、科学准确的数据资源集合，并对各类数据资源进行必要的分类整理，并利用先进的数据筛查技术实现各类数据的精准、模糊查询，从而提供一套便利的查询系统。当一个地区出现重大污染问题时，通过信息共享平台，周边地区可以及时了解污染事故的实时动向，依托充足的数据资源制定紧急的应对措施，抑制污染向周边地区扩散。这既保证了周边地区地方政府的知情权和监督权，也有利于各地方政府环保部门协同治理大气污染。

　　同时，应该重视对企业、社会公众等相关数据的采集和整合，以及大气污染和治理信息的公开和发布，使社会每一个主体都成为信息分享源和污染监督者。要充分利用互联网和大数据技术，尝试以智慧、智能信息技术作为信息共享的新方式，及时收集分布式、碎片化、多源主体的数据信息，智能过滤无效和恶意信息源，实现面向企业和社会的大气污染信息的智慧收集；并适时、准确地向社会发布区域大气环境质量状况、治理状况和重点污染源监控信息，从而最大限度为公民提供必要的大气环境质量信息，进而消除由于信息不对称引发的不良和恶意的社会舆论问题，这样才能更好地激励企业、社会公众参与大气污染治理。

参 考 文 献

白天成. 2016. 京津冀环境协同治理利益协调机制研究[D]. 天津: 天津师范大学.

包国宪, 曹惠民, 王学军. 2012. 地方政府绩效研究视角的转变: 从管理到治理[J]. 东北大学学报 (社会科学版), (5): 432-436.

蔡岚. 2016. 美国空气污染治理政策模式研究[J]. 广东行政学院学报, 28 (2): 11-18.

常纪文. 2010a. 域外借鉴与本土创新的统一: 《关于推进大气污染联防联控工作 改善区域空气质量的指导意见》之解读 (上)[J]. 环境保护, (10): 10-12.

常纪文. 2010b. 域外借鉴与本土创新的统一: 《关于推进大气污染联防联控工作 改善区域空气质量的指导意见》之解读 (下)[J]. 环境保护, (11): 10-12.

陈彬, 鞠丽萍, 戴婧. 2012. 重庆市温室气体排放系统动力学研究[J]. 中国人口·资源与环境, 22 (4): 72-79.

陈霞, 王彩波. 2015. 有效治理与协同共治: 国家治理能力现代化的目标及路径[J]. 探索, (5): 48-53.

陈妍. 2014. 日本和韩国大气污染治理的主要经验[J]. 中国经贸导刊, (7): 57-58.

陈咏梅. 2016. 法治视野下府际合作面临的体制障碍及其完善[J]. 政法学刊, (6): 41-47.

崔晶, 孙伟. 2014. 区域大气污染协同治理视角下的府际事权划分问题研究[J]. 中国行政管理, (9): 11-15.

崔艳红. 2015. 欧美国家治理大气污染的经验以及对我国生态文明建设的启示[J]. 党政视野, (5): 13-18.

党兴华, 孙永磊, 宋晶. 2013. 不同信任情景下双元创新对网络惯例的影响[J]. 管理科学, (4): 25-34.

杜仓宇. 2014. 英国防治大气污染的经验启示[J]. 佳木斯教育学院学报, (5): 414, 416.

范思思. 2014. 跨区域大气污染防治中的地方政府协作研究[D]. 长沙: 湖南大学.

方海霞, 方珊, 郑丽娜. 2014. 基于系统动力学的城市旅游发展环境研究——以浙江省杭州市为例[J]. 现代营销旬刊, (7): 86-87.

冯贵霞. 2014. 大气污染防治政策变迁与解释框架构建——基于政策网络的视角[J]. 中国行政管理, (9): 16-20, 80.

高惠璇. 2005. 应用多元统计分析[M]. 北京: 北京大学出版社.

高明, 黄婷婷. 2014. 大气污染治理企业发展的关键因素识别方法探讨[J]. 生态经济, 30 (9): 180-184.

高明, 郭施宏, 夏玲玲. 2016. 大气污染府际间合作治理联盟的达成与稳定——基于演化博弈分析[J]. 中国管理科学, 24 (8): 62-70.

高文康, 唐贵谦, 吉东生, 等. 2016. 2013~2014 年《大气污染防治行动计划》实施效果及对策建议[J]. 环境科学研究, 29 (11): 1567-1574.

格里·斯托克. 1999. 作为理论的治理：五个论点[J]. 国际社会科学杂志（中文版），（1）：19-30.

何翔舟，金潇. 2014. 公共治理理论的发展及其中国定位[J]. 学术月刊，46（8）：125-134.

胡晓瑾，解学梅. 2010. 基于协同理念的区域技术创新能力评价指标体系研究[J]. 科技进步与对策，（2）：101-104.

黄新华，刘长青，林迪芬. 2015. 大都市区同城化进程中的社会治理一体化——府际合作与多元共治[J]. 中共福建省委党校学报，（6）：23-28.

姬兆亮. 2012. 区域政府协同治理研究——以长三角为例[D]. 上海：上海交通大学.

姬兆亮，戴永翔，胡伟. 2013. 政府协同治理：中国区域协调发展协同治理的实现路径[J]. 西北大学学报（哲学社会科学版），（2）：122-126.

金晶. 2017. 国家环境治理与环境政策审计：作用机理、现实困境与发展路径[J]. 中国行政管理，（5）：20-24.

康爱彬，李燕凌，张滨. 2015. 国外大气污染治理的经验与启示[J]. 产业与科技论坛，14（19）：7-8.

李汉卿. 2014. 协同治理理论探析[J]. 理论月刊，（1）：138-142.

李浩，奚旦立，唐振华，等. 2005. 英国大气污染控制及行动措施[J]. 干旱环境监测，（1）：29-32.

李洪素. 2016. 京津冀大气污染联防联控法律问题研究[D]. 石家庄：河北经贸大学.

李娜. 2014. 我国区域大气污染联动防治法律制度研究[D]. 南昌：江西理工大学.

李婷婷，尉鹏，程水源，等. 2017. 2005～2014 年中三角城市群大气污染特征及变化趋势[J]. 环境工程学报，11（5）：2977-2984.

李维安，徐建，姜广省. 2017. 绿色治理准则：实现人与自然的包容性发展[J]. 南开管理评论，（5）：23-28.

李永亮. 2015. "新常态"视阈下府际协同治理雾霾的困境与出路[J]. 中国行政管理，（9）：32-36.

李友平，陈贵斌，童小双. 2012. 成渝经济区重点城市空气质量模糊综合评价[J]. 四川环境，31（6）：107-110.

林嵩. 2008. 结构方程模型原理及 AMOS 应用[M]. 武汉：华中师范大学出版社.

刘伟娜. 2015. 英国大气污染防治经验及对广东省的启示[J]. 环境，（S1）：60，62.

罗西瑙. 2001. 没有政府的治理[M]. 南昌：江西人民出版社.

吕阳. 2013. 欧盟国家控制固定点源大气污染的政策工具及启示[J]. 中国行政管理，（9）：93-97.

吕长明，李跃. 2017. 雾霾舆论爆发下城市减排差异与大气污染联防联控[J]. 经济地理，（1）：148-154.

毛晖，郑晓芳. 2014. 发达国家大气污染治理的经验借鉴[J]. 绿叶，（11）：51-56.

毛寿龙，李梅，陈幽泓. 1998. 西方政府的治道变革[M]. 北京：中国人民大学出版社.

梅雪芹. 2001. 工业革命以来英国城市大气污染及防治措施研究[J]. 北京师范大学学报（人文社会科学版），（2）：118-125.

孟庆春，黄伟东，戎晓霞. 2017. 基于合作博弈的山东省灰霾治理收益及补偿机制研究[J]. 统计与决策，（10）：53-57.

朴英爱，张帆. 2015. 韩国首都圈大气污染治理对策及对我国的启示[J]. 环境保护，43（24）：70-72.

宋飞，付加锋. 2012. 世界主要国家温室气体与二氧化硫的协同减排启示[J]. 资源科学，（8）：1439-1444.

孙蕾，孙绍荣. 2017. 基于模糊博弈行为的京津冀跨域大气污染联合治理机制研究[J]. 运筹与管理，26（7）：48-53.

孙萍，闫亭豫. 2013. 我国协同治理理论研究评述[J]. 理论月刊，（3）：107-112.

谭学良. 2014. 整体性治理视角下的政府协同治理机制[J]. 学习与实践，（4）：76-83.

唐湘博，陈晓红. 2017. 区域大气污染协同减排补偿机制研究[J]. 中国人口·资源与环境，27（9）：76-82.

陶建国. 2008. 日本东京大气污染诉讼及启示[J]. 河北民族师范学院学报，（3）：57-58.

陶品竹. 2014. 从属地主义到合作治理：京津冀大气污染治理模式的转型[J]. 河北法学，32（10）：120-129.

陶儒林. 2016. 广西北部湾近海生态环境保护的协同治理研究[D]. 南宁：广西大学.

田文威. 2012. 协同治理视角下我国跨界水污染治理研究[D]. 武汉：武汉科技大学.

汪良兵，洪进，赵定涛，等. 2014. 中国高技术产业创新系统协同度[J]. 系统工程，32（3）：1-7.

汪小勇，万玉秋，姜文，等. 2012. 美国跨界大气环境监管经验对中国的借鉴[J]. 中国人口·资源与环境，22（3）：122-127.

王冰，贺璇. 2014. 中国城市大气污染治理概论[J]. 城市问题，（12）：2-8.

王大庆，陈媛媛，林晓芳，等. 2010. 黑龙江省农垦低碳经济发展战略思考[J]. 生态经济，（4）：41-44.

王金南，宁淼，孙亚梅. 2012. 区域大气污染联防联控的理论与方法分析[J]. 环境与可持续发展，37（5）：5-10.

王映雪. 2015. 走出治理之协同困境的信任逻辑理路探析[J]. 山东社会科学，（10）：178-183.

王韵. 2016. 长三角区域大气污染防治立法研究[D]. 南京：南京师范大学.

王喆，周凌一. 2015. 京津冀生态环境协同治理研究——基于体制机制视角探讨[J]. 经济与管理研究，（7）：68-75.

卫永红，孙策. 2015. 关于空气污染治理成本分配的博弈研究[J]. 天津经济，（4）：34-36.

魏娜，赵成根. 2016. 跨区域大气污染协同治理研究——以京津冀地区为例[J]. 河北学刊，（1）：144-149.

翁士洪，顾丽梅. 2013. 治理理论：一种调适的新制度主义理论[J]. 南京社会科学，（7）：49-56.

吴蒙，吴兑，范绍佳，等. 2014. 珠江三角洲城市群大气污染与边界层特征研究进展[J]. 气象科技进展，（1）：24-30.

吴彤. 2001. 自组织方法论论纲[J]. 系统辩证学学报，9（2）：4-10.

谢宝剑，陈瑞莲. 2014. 国家治理视野下的大气污染区域联动防治体系研究——以京津冀为例[J]. 中国行政管理，（9）：6-10.

许春丽，李保新. 2001. 日本大气污染的控制对策及现状[J]. 环境科学动态，（3）：33-36.

薛俭，李常敏，赵海英. 2014a. 基于区域合作博弈模型的大气污染治理费用分配方法研究[J]. 生态经济，30（3）：175-179，191.

薛俭，谢婉林，李常敏. 2014b. 京津冀大气污染治理省际合作博弈模型[J]. 系统工程理论与实践，34（3）：810-816.

薛立强. 2015. 府际合作机制创新及其在京津冀协同发展中的应用[J]. 中共天津市委党校学报，（4）：100-106.

薛立强，杨书文，张蕾. 2010. 府际合作：滨海新区管理体制改革的重要方面[J]. 天津商业大学学报，（2）：54-58.

薛志钢，郝吉明，陈复，等. 2016. 欧美发达国家大气污染控制经验[J]. 杭州（周刊），（5）：32-33.

颜佳华，吕炜. 2015. 协商治理、协作治理、协同治理与合作治理概念及其关系辨析[J]. 湘潭大学学报（哲学社会科学版），（2）：14-18.

杨立华，张柳. 2016. 大气污染多元协同治理的比较研究：典型国家的跨案例分析[J]. 行政论坛，23（5）：24-30.

杨丽娟，郑泽宇. 2017. 我国区域大气污染治理法律责任机制探析——以均衡责任机制为进路[J]. 东北大学学报（社会科学版），19（4）：410-416.

鄞益奋. 2007. 网络治理：公共管理的新框架[J]. 公共管理学报，（1）：89-96.

俞可平. 2001. 治理和善治：一种新的政治分析框架[J]. 南京社会科学，（9）：40-44.

郁建兴，张利萍. 2013. 地方治理体系中的协同机制及其整合[J]. 思想战线，（6）：95-100.

翟丽丽，柳玉凤，王京，等. 2014. 软件产业虚拟集群企业间信任进化博弈研究[J]. 中国管理科学，22（12）：118-125.

张军，王圣. 2017. 我国长江流域中三角区域大气污染物排放特征研究[J]. 中国环境管理，9（3）：83-88.

张晓萌，王连生. 2010. 美国控制空气污染物的对策[J]. 环境科学与技术，33（3）：200-204.

张仲涛，周蓉. 2016. 我国协同治理理论研究现状与展望[J]. 社会治理，（3）：48-53.

赵新峰，袁宗威. 2016. 区域大气污染治理中的政策工具：我国的实践历程与优化选择[J]. 中国行政管理，（7）：107-114.

郑军，魏亮，国冬梅. 2015. 美国大气环境质量监管机制及经验借鉴[C]. 中国环境科学学会学术年会论文集.

郑军. 2017. 欧洲跨地区大气污染防治合作长效机制对我国的启示[J]. 环境保护，（5）：75-77.

郑巧，肖文涛. 2008. 协同治理：服务型政府的治道逻辑[J]. 中国行政管理，（7）：48-53.

周建鹏. 2013. 我国区域环境治理模式创新研究——以湘黔渝"锰三角"为例[D]. 兰州：兰州大学.

庄贵阳，周伟铎，薄凡. 2017. 京津冀雾霾协同治理的理论基础与机制创新[J]. 中国地质大学学报（社会科学版），（5）：10-17.

Agranoff R，Mcguire M. 1998. A Jurisdiction-Based model of intergovernmental management in U.S. cities[J]. Publius，28（4）：1-20.

Cao Q，Gedajlovic E，Zhang H P. 2009. Unpacking organizational ambidexterity：dimensions，contingencies，and synergistic effects [J]. Organization Science，20（4）：781-796.

Etzkowitz H，Leydesdorff L. 2000. The dynamics of innovation：form national systems and "Mode 2" to a triple helix of university-industry-government relations [J]. Research Policy，29（2）：109-123.

Galán-Muros V，Plewa C. 2016. What drives and inhibits university-business cooperation in Europe？A comprehensive assessement [J]. R&D Management，46（2）：369-382.

Gray W B，Deily M E. 1996. Compliance and enforcement：air pollution regulation in the US steel industry [J]. Journal of Environmental Economics and Management，31（1）：86-111.

Gurnani H，Shi M. 2006. A bargaining model for a first-time interaction under asymmetric beliefs of supply reliability[J]. Management Science，52（6）：865-880.

Halkos G E. 1996. Incomplete information in the acid rain game[J]. Empirica，23（2）：129-148.

He H，Vinnikov K Y，Li C，et al. 2016. Response of SO_2 and particulate air pollution to local and regional emission controls：a case study in Maryland[J]. Earths Future，4（4）：94-109.

Imperial M T. 2005. Using collaboration as a governance strategy lessons from six watershed management programs[J]. Administration & Society，37（3）：281-320.

Kennes C，Lens P，Bartacek J. 2010. Air pollution control[J]. Journal of Chemical Technology & Biotechnology Biotechnology，85（3）：307-308.

Khamseh H M，Jolly D R. 2008. Knowledge transfer in alliances：determinant factors [J]. Journal of Knowledge Management，12（1）：37-50.

Kooiman J. 2003. Governing As Govenance[M]. London：Sage Publications.

McAllister D J. 1995. Affect and cognition based trust as foundations for interpersonal cooperation in organizations [J]. The Academy of Management Journal，38（1）：24-59.

Murray W L，Wimberley D W，Wolf J F. 2008. Rural health network effectiveness：an analysis at the network level [D]. Virginia：Virginia Polytechnic Institute and State University.

Nash J F. 1950. The bargaining problem[J]. Econometrica，18（2）：155-162.

Ostrom V，Tiebout C M，Warren R. 1961. The organization of government in metropolitan areas：a theoretical inquiry[J]. American Political Science Review，55（4）：831-842.

Persaud A. 2005. Enhancing synergistic innovative capability in multinational corporations：an empirical investigation [J]. Journal of Product Innovation Management，22（5）：412-429.

Petrosjan L，Zaccour G . 2003. Time-consistent Shapley value allocation of pollution cost reduction[J]. Journal of Economic Dynamics & Control，27（3）：381-398.

Pierre J，Peters B G . 2005. Governing Complex Societies：Trajectories and Scenarios[M]. New York：Palgrave McMillan.

Plevin R J，Beckman J，Golub A A，et al. 2015. Carbon accounting and economic model uncertainty of emissions from biofuels-induced land use change[J]. Environmental Science & Technology，49（5）：2656-2664.

Rhodes R A W. 1996. The new governance：Governing without government[J]. Political Studies，44（4）：652-667.

Rugman A M，Verbeke A. 1998. Corporate strategy and international environmental policy [J]. Journal of International Business Studies，29（4）：819-833.

Salamon L M. 2002. The Tools of Government：A Guide to the New Governance[M]. New York：Oxford University Press.

Scott G，Annegarn H，Kneen M. 2005. Air pollution knows no boundaries：Defining air catchment areas and making sense of physical and political boundaries in air quality management[C]. Kyalami：IQPC Conference on Implementing the Air Quality Act.